# まえがき

マグマの周辺（闇の海）で細々と生きていた生命は、まばゆい太陽光を利用して増殖する生命（藍藻）の誕生を契機に多細胞化し、淘汰情報を遺伝子（変異・ソフト）に採り込んで大変身を始めた。

＊ソフトは、獲物に麻酔をして卵を産みつける狩人蜂のように絶妙な体をつくりあげ、独特の行動をとらせるが、内実は、風化によってつくられた奇岩・怪石の絶景、名工が彫り上げた「彫刻の表面」と同じで、ソフト自体に意思や目的などはなく、淘汰の結果、たまたま、そうなっただけである。

我々も含め、生命は、このソフトがつくりあげる体・行動、そして世界像で生きている。骨格等（構造）は、化石として残るため、その体にばかり注目しがちだが、体は、ガラスにみられるように、餌の種類や繁殖相手を如何に確保するか等の行動によってつくられり、構造と行動（奇岩・怪石と風水の動き）は、交互に進化していることに留意しなければらない。

脳は、太古の海で、様々な刺激に反応するセンサーをまとめた中枢神経（環境地図）かまった。

この脳により同種や天敵、餌が識別出来るようになり、そこから仲間に同調する行動（

ト）がうまれ、このソフトから鰯や鰊、フラミンゴのような金太郎飴の群れ（構造系）がうまれてくる。

餌が限られてくると、同種をライバルとして排斥する行動が有効になり、そこでつくられたなわばり・序列を維持するために記憶脳がうまれ、この脳により回遊や番い繁殖が可能となり、繁殖相手の選択から、様々な求愛行動や華麗な姿や巨大な角等がつくられてきた。なわばり・序列の行動ソフト（感性）と、樹上に適した構造系（目や手）をもったひ弱なサルは、サバンナに出て栄養豊富な肉を手に入れ、さらに欲しがり、道具を工夫、役割を分担して狩りを始めた。

役割分担の効果は絶大で、言語が発達し脳が肥大化、最強のハンターとなり、さらに、新たなエネルギー（火の利用や農耕）によって人類は人口を増やし、文化・文明をつくりだした。

しかし、そのソフト（同調、排斥、役割分担）は今、《両刃の剣》になっている。

情報もエネルギーもない中でつくられたソフト（本能）は、限られた餌で生活する狩猟採集生活まではよかったが、今日のように情報やエネルギーが溢れた環境には合わず、様々な問題を起こしている。

同調の《赤信号、皆で渡れば……》やポピュリズムまでは何とか許せるが、暴動は許せない。排斥の《負けず嫌い》は努力の原動力となるため許せるが、《坊主憎けりゃ……》で、自分を受け入れない人間までひとまとめにし、無差別に殺害してしまっては許せない。

人類は、このソフトの不適応を防ぐべく、様々な宗教やタブー、価値観等をつくりだしてきたが、次々と生まれてくる子孫に教育が追いついていない。

「彫刻の表面」であるソフト（本能）は、学習（伝達）しなくても勝手に働き、餌（富）は充分にあるのに、さらに欲しがり、異なる属性は、排斥せずにはいられないのである。

我々は、理屈は分かっても、本能（感情）が納得しなければ心から満足出来ない。自由という今の価値観が、ソフト（富の独占や権力の横暴）の我儘を許している。

恐竜は、優れた体（構造系）のため役割分担する必要もなく、小さな脳で億年間王国を築いたが、これといった身体能力を持たないサルは、役割分担という奇岩・怪石（彫刻の表面）によって動物の頂点に立った。

しかし、その結果は、地球環境を破壊し、花火のように消え去ろうとしている。

脳はソフト（本能）のために百の理屈を並べるだけで、交渉は任せられない。

ＡＩ、ロボット、５Ｇどころの話ではない。我々は、自らの欲望の本質を知らなければ、未来はない。

# 我々は何処から来たのか❖目次

## 2

# 第1章　生命とは

ビッグバンから無数の銀河（億兆の恒星集団）が生まれ、その中では超新星爆発が起こり、様々な星間ガスや宇宙塵（塊）が放出された。

星のかけらは衝突を繰り返しながら、恒星（太陽）から適度な（遠くも近くもない）空間で巨大な熱球（惑星）に成長、冷め始めて表面に殻をつくり、その上に水蒸気（雨）が降り注ぎ、満々たる水を湛えた奇跡の惑星となる。

様々な物質（材料）が溶け込こんだ原始の海は、月に引かれて揺れる巨大なフラスコとなって、様々な実験（結合・分解）が数億年昼夜を問わず繰り返され、やがて、二つの機能（エネルギーを利用して増殖する）を持った有機体、生命が誕生する。

＊地球生命は地球外（宇宙）からもたらされたとしても、その生命は、同じような環境（海）のもとで誕生したはずである。

エネルギーを利用して増殖（結晶化）するためには、エネルギーを採り入れる機能と、個体を複製するという二つの基本機能が必要である。

# 1　二つの基本機能（ハード）

## (1) エネルギーを利用する機能

無から有は生じない。

あるもの（生命）が新たにつくられるには、その材料と、材料を組み立てるエネルギー（労力）が必要である。

エネルギーは、利用出来るなら、どんなものでもよく、運動・弾性・位置・熱・電気・磁気・光・音波等の物理エネルギー、物質を酸化・還元・分解して得られる化学エネルギー等の種類を問わない。

しかし、自然エネルギーは、簡単には利用できない。

エネルギーを利用するには、そのエネルギーを、利用可能な形に変える仕掛けが必要である。

タンポポの種子は、風を移動に利用するために風を受ける綿毛を備えている。

同じように風を利用しても、ヨットのように特定の方向に移動するには、帆・帆柱と舵も備えつけなければならない。

同様に、風を利用して粉を挽く風車小屋には、風をとらえる風車は勿論であるが、これを回転運動や杵の往復運動に変換するための歯車やカム等が必要となる。

さらに、風のエネルギーを電気に変換しようとするなら風車とともに磁石や電線を持った発電機がなければならない。

また、熱エネルギーを電気に変えようとするなら、熱を圧縮・開放するタービン等が必要となる。

このように、エネルギーを利用するには、帆、舵、歯車、発電機、内燃機関等に相当する《エネルギー変換機能》が不可欠である。

エネルギーを利用して増殖する生命にも、この変換機能が必要であり、それが有機体を酸化させて利用するミトコンドリアや、光エネルギーを利用して炭酸同化するクロロフィル等となる。

## ⑵ 自己を複製する機能

生命に必要な、もう一つの機能は、生殖（自己複製、コピー）機能である。

生命は、⑴のエネルギー変換機能によって得た栄養（エネルギー、生命材料）を利用して、自らの複製をつくりあげる。

家を建てるには、やみくもに資材を集め、打ちつけても家は建たない。

生命は、様々な機能を備えた一戸建ての家のようなものであり、この家を建てるには、予め詳細な設計図・行程表があって、間取りや材料、通信、冷暖房、台所、浴室、防犯・防火等の設備や、そのための配線、配管が定められていなければならない。

建築監督は、この設計図・行程表に基づき、材料、労力（職人）を手配して基礎から順次、工事を進めていくことになる。

生命では、この《設計図、行程表及び監督等》の機能を、遺伝子が担っている。遺伝子（二重螺旋構造）は浮世絵を刷る版木（立体版・3Dのコピー機）のように働き、ドミノ倒しや飛び出す絵本のように、次々と新たな細胞（複製）をつくり出していく。

## 2　最初の生命

生命はエネルギーを利用して増殖するが、どんなエネルギーでも利用できるわけではない。生命が存在できる常温、常圧でも利用できるエネルギーを利用することになる。

最初は、無機化合物（硫化水素・アンモニア等）を酸化・還元して増殖する独立栄養生命（硫黄菌や硝酸菌等）が誕生し、その後、有機物を分解して増殖するミトコンドリアを採り入れた従属栄養生命がつくられたと考えるべきである。

原始の生命（独立栄養生命）は二つの基本機能（ハード）を持つだけで、少しでも環境が変われば増殖は停止、崩壊してしまう泡のようなはかない存在である。
＊抓っても、暑さ寒さにも反応しない植物人間は、点滴ができ、暖かく管理された理想的な環境（病院）でしか生きられない。

# 第2章　生命を支えるソフト

生命（有機体）は、水晶のように四角四面の構造しかつくらない鉱物の結晶と異なり、様々な変異（凹凸・個性）を持って生まれてくる（変異があるからこそ生命が誕生した）。

ほんの小さなきっかけ（窪み）から硬い岩盤が水流に削られて大きな甌穴がつくられていくように、変異を持った個体（遺伝子）は、その変異が生存に有利に働くと、徐々に他の個体を押し退けて増殖するようになる。

環境に適応した種が生き残っていく《淘汰》が始まり、個体変異（凹凸）は世代交代を重ねる中で《＊凝縮進化》し、生き残りのソフト（機能）となっていく。

＊個体変異の正規曲線が、環境情報を受け入れて移動・固定されていく過程を、凝縮進化と呼ぶことにする。

基本機能（ハード）は結晶と同じで、目鼻も手足もなく、腹が減っているのも分からない。

億年の間、熱やショック、強いpH等に晒され、偶然、栄養（エネルギー等）がもたらされるのを待つだけだった生命（基本機能）は、突然、莫大なエネルギーと多細胞化により、大変身を始める。

莫大なエネルギーと多細胞化は、全球凍結後に大発生した藍藻類によってもたらされた。

藍藻類は、莫大な太陽エネルギーを炭水化物等として蓄積し、従属栄養生命の餌（エネルギー）となり、さらに、光合成によって放出された酸素はコラーゲン（細胞接着剤）をつくり、生命の多細胞化を可能にした。

徒手空拳の単細胞では変異の保有は難しいが、多細胞化した生命は、細胞を分化して様々な変異を身につけることができ、これを《生き残りのソフト》として凝縮進化させていく。

変異は、徐々に、危険な環境から身（基本機能）を守る膜や、熱・ショック、pH等に反応する感覚器官、鞭毛等の運動器官になっていく。

さらに、一部は、センサー情報を伝達する神経系になり、やがて、エネルギー量を示すメーター（燃料計）がつくられ、エネルギー不足になると感性（食欲）を発し採餌行動を促すようになる。

＊満遍なく平等に降り注ぐ太陽光をエネルギーとする植物生命は、穏やかな採餌ソフト（走光性）でいいが、偏在する生命を餌（栄養）とする従属栄養生命には採餌ソフトが欠かせない。

生き残りのソフト（凹凸・変異）は、器官・体をつくりあげる構造系（静）と、その器官・体（生命体）を動かしコントロールする生理・行動系（動）の両輪によって構成される。

## １　構造系（静）

生命（基本機能・ハード）を熱や光、pH、衝撃等から守る被膜等から始まった構造系（静）のソフト（変異）の凝縮進化は、やがて鱗、皮膚となり、一部は、感性（行動系）によって動かされる移動のための鞭毛や鰭、手足、翼となっていく。

さらに、被膜は、熱さ冷たさ、光、pH、衝撃等に反応する感覚器官（センサー・受容体）や、体に栄養を送り吸収する血管、内臓、体を支える骨や筋肉、センサー情報を伝達する神経、環境を分析する中枢神経（脳）になっていく。

## ２　生理・行動系（動）

行動系（動）のソフト（変異）は、物理・化学的な刺激に収縮・反発する単純な反応から始まって、やがて、生体の維持・成長のためのホメオスタシス（恒常性反応）、さらに、中枢神経（環境地図）を介して逃避や狩り、繁殖、群れ、なわばり等の行動を発現するソフトとなり、様々な感性（感覚、感情、本能）を発して生命行動をコントロールするようになる（水蜘蛛の行動？）。

構造系、行動系はソフトの両輪であり、互いに連携して凝縮進化する。

行動系の防御・採餌ソフトは、構造系の感覚器官や神経が、光、音波、臭い等の情報を伝達することによってつくられる。

防衛ソフトの構造系（膜や鱗、擬態面、棘や角等）は、単独でも防御に役立つが、そこに行動系が加われば、より効果が発揮される。

ミドリムシの繊毛（構造系）は、行動系の繊毛運動が加わって移動という目的が達せられるように、変異の殆どは、構造系と行動系が対（両輪）になって凝縮進化する。

センザンコウの硬い鱗や亀の甲羅は、敵に対し体を丸め頭や手足を収めることによって機能が倍加され、同様に、木の葉や海草に似せた構造系（昆虫やタツノオトシゴ等の擬態）は、行動系のユラユラとした動きが加わって迫真の演技がつくり出される。

# 第3章　ソフトの凝縮進化

## 1　凝縮進化をもたらすエネルギー

個体変異は、正常な多くの個体（分母）から、稀に発生する分子である。

個体変異（分子）が凝縮進化するためには多くの個体変異が必要であり、そのためには、さらに多くの分母（正常な個体）が確保されなければならない。

そのためには、マンボウのように一度に億を上回る産卵をして個体数を確保するか、長い時間（世代交代）をかけて個体数を増やすしかない。

大量の個体を養うには、莫大なエネルギー（栄養）が必要で、熱水鉱床のような限られた環境では、大量の個体を養うことはできない。

その莫大なエネルギーは、全球凍結後に大発生した藍藻類によってもたらされる。

陸、海とも、数キロに及ぶ氷雪に覆われた全球凍結の中で、生命の存在は完全に消えたかに見えたが、火山の周辺だけは別だった。

硫黄細菌等が、温泉でぬくぬくと生き延びており、その中から、まばゆい太陽光を利用して増殖し、副産物として酸素を放出する植物生命（藍藻類）が生まれていた。

火山から排出されたCO$_2$は、全球凍結の間、雪や氷に邪魔されて吸収されずに貯まり続け、やがて、地球全体を包むようになる。

再び温室効果によって気温が上昇、万年雪氷が溶け出し全球凍結は終わりを告げる。

温泉にいた藍藻（植物性プランクトン）が広大な海に進出して大増殖を始め、莫大な太陽エネルギーを蓄積して、大量の従属栄養生命（分母）を養うようになる。

単細胞生命では増殖が精一杯で進化の余地などないが、藍藻類が放出した酸素によってコラーゲンが生成され多細胞化が始まると、その一部（個体変異・分子）を凝縮進化（分化）させて、膜やセンサー、鞭毛等にし、より有利に増殖するようになる。

地球規模で大量発生した手つかずの藍藻類（炭水化物として蓄積された莫大な太陽エネルギー）は、多細胞生命の大増殖を可能にした。

莫大な個体数（分母）が確保されれば、変異（分子）も多くなって凝縮進化が進み、独創的な種（従属栄養生命）が次々と生み出されていく。

地球最初のダイナミックな食物連鎖、太陽エネルギーが伝播する弱肉強食の世界（カンブリア爆発）が始まる。

現在も、莫大な太陽エネルギーが食物連鎖を支えている。

春が来て、ミネラル豊富な海に太陽が射し込むと、植物性プランクトン（アオコ等）が大発生する。

すると、これを餌とするアミ等の動物性プランクトン（従属栄養生命）も爆発的に増殖して、次の従属栄養生命（鰯や鰊等）の餌となり、さらに、これらの小魚を狙った大型従属栄養生命（鰹や鮪、イルカ、海鳥、鯨等）も集まって海は沸き立ち、食物連鎖（太陽エネルギーの伝播）が完成する。

陸上でも、先ず太陽エネルギーを貯える植物（独立栄養生命）が繁茂し、そのエネルギーを餌とする昆虫や草食動物（従属栄養生命）が育ち、さらに、これを獲物とする肉食動物が現れ、ピラミッド型の食物連鎖がつくられる。

太陽エネルギーは、季節毎に膨張と収縮を繰り返し、多種多様な生態をつくりだしている。

＊火星のような惑星では、土中にバクテリアのような独立栄養生命はいるかもしれないが、限定的なエネルギーしかなく、ウェルズが考えたような大型の宇宙生命（従属栄養生命）は養えない。

## 2　凝縮進化を促す淘汰圧

生命がひしめく食物連鎖の中では、三つ（①如何に餌を確保、成長し、②防衛し、③繁殖するか）の淘汰圧が働いて、様々な仕掛け（ソフト）がつくられた。

エネルギーを利用して増殖する生命は、①の栄養（生体材料と活動・成長エネルギー）が不可欠で、また、途中で死んでしまっては、②の成長も、③の繁殖のソフトもできないため、短期的には、先ず身を守る防衛が第一に優先され、①の如何に効率よく餌（栄養）を確保するかは後回しになり、続いて成長、その後の繁殖となってくる。

飢餓感（食欲・燃料メーター）や採餌行動（ソフト）があるとないとの差は歴然で、さらに、餌に反応する五感や、餌を獲る口、手足等が発達しているかどうかで種の運命が決まってくる。

これらの仕掛け（凝縮進化した変異・構造系、行動系）を持った種と持たない種との差は歴然で、持った種が、持たない種を押しのけ繁栄していく。

凝縮進化の淘汰圧は、

①餌（エネルギー）の確保では、餌の種類と同種・近隣種間競争により、

《構造系》では、アイアイの中指やキリンの首、鯨の口や鳥の嘴等の様々な歯、牙、爪、鰭、手足、翼、擬態、消化吸収器官が凝縮進化し、

《行動系》では、寄生、共生、擬態、なわばり、餌を求めて陸上、空中に進出、麻酔をするハチやミズグモ、網を使うクモ等様々な行動系ソフトがつくられる。

②防衛（同種及び外敵、環境）の淘汰圧で、

《構造系》では、熱や乾燥、衝撃から守るための膜、殻、鱗や、甲羅、とげ、毛皮、危険から逃げるための繊毛や鰭、陸上に適応するための肺、脚、擬態、毒、繁殖ともかぶった多産、卵黄、授乳、情報分析のための脳等が生まれ、

《行動系》では、簡単な収縮、反発、逃走行動から、保育、情報の伝達の同調ソフトや、

餌確保のなわばり・序列、役割分担ソフト、さらに擬態、共生行動等が生まれ、

③繁殖の淘汰圧（成長後の最終段階、同種との競争）では、

《構造系》では同性との戦いで、蝶や鳥は鮮やかな色模様を、鹿、牛、羊は角（防御も兼ねる）の大きさを誇示し、

《行動系》では、再びなわばり、序列や様々な求愛行動（ディスプレイ）が生まれている。

植物（独立栄養生命）の餌（エネルギー）は、満遍なく降り注ぐ独占不可能な太陽光のため、基本的に餌の奪い合いはなく、鋭い牙や強い筋肉、素早い行動も必要ないが、それでも、厳しい環境では、走光性や、食中植物のようなソフトがつくられる。

一方、従属栄養生命の餌（エネルギー）は偏在するため、これを確保するためのソフト（特に移動のための足や翼等の構造系、行動系）が大きく凝縮進化する。

同じ従属栄養生命でも、逃げない植物が餌の草食動物は、植物を擂り潰し消化する硬くて大きな歯、長い胃腸等の構造系のソフトが凝縮進化するが、肉食動物は、これを捕らえるために、素早い動き（行動系）や、強靭な手足、鋭い爪や牙、嘴等（構造系）が必要になり、草食動物も肉食動物から逃げるため、俊敏になってきた。

プランクトンを餌とすれば、これを濾しとる鯨のヒゲやフラミンゴの口がつくられ、肉を選択すれば、これを切り裂く鋭い牙が必要となる（飲み込む場合は不要だが）。

餌が不足し、他の種との競合を避けようとすれば、パンダやコアラのように他の動物が見向

きもしない竹やユーカリが選択され、消化する方法も徐々に進化してくる。ガラパゴスの海イグアナは陸の植物をあきらめ、海草（海）に適応しようとしている。ダーウィンフィンチは、餌の種類に応じて棲み分け（行動系）をし、さらに餌の種類に応じて独特の嘴（構造系）を凝縮進化させた。

何をどのように獲るか（足や翼で追いかけて、擬態、待ち伏せ、首や舌を伸ばす、群れで）で凝縮進化の方向が決まり、亜種、さらに新種になっていく。

## 3　凝縮進化の沸騰点（淘汰の坩堝）

ソフトの凝縮進化は、個体変異が多く、淘汰圧力が高いほど加速される。

＊凝縮進化（個体変異の正規曲線の移動）が急激に進む部分を《沸騰点》と呼ぶことにする。

沸騰点は、個体変異が泡のように次々と現れては消えていく凝縮進化の坩堝となる。個体変異が残るかどうかは、淘汰に有効に作用するかどうか、すなわち、生き残りに貢献するかどうかにかかっている。

坩堝は、食物連鎖の淘汰圧（バーナー）を受けて沸騰するが、同時に、一定量の材料（個体変異）と材料の特性も重要な要素となっている。

同じ熱量（淘汰圧）を受けても、ソフト（変異）の特性によって、低い圧力で沸騰するものや、高い圧力でもなかなか沸騰しないものがあるからである。

なわばり行動やカマキリの擬態は、結果が、即、①捕食、②防衛や、③繁殖につながるため沸騰（凝縮進化）しやすいが、群れ行動のようなソフトは、その働きが有利であると簡単に証明されない（曖昧な）ため、低温でコトコトと煮られるようにゆっくりと凝縮進化することになる。

これに対し、狩人蜂の精妙な麻酔ソフト（構造系、行動系）は、相当の年月がかかったように見えるが、餌（エネルギー）の確保に直結するため、短い時間で凝縮進化したと考えられる。

## 4　沸騰点の周辺

雄鹿の凝縮進化の沸騰点（淘汰圧を強く受ける部分）は、角の大きさである。
雄は、大きな角を持たなければ雌の相手にされず、自分の子孫を残すことが出来ない。
しかし、角だけ突然大きくなることはない。
草葉をせっせと食べ、周辺系（首の骨・筋肉等）も凝縮進化しなければ巨大な角は維持できず、ライバル達を退け優先的に雌を獲得することが出来ない。

キリンは、その体型（長い首や足）が沸騰点となっているが、同様に、この長大な体を保つには、筋肉、神経、強い心臓、骨格、さらに、これを動かす脳等の周辺系（構造系、行動系）の凝縮進化も欠かせない。

キリンは、首や足だけが、突然、勝手に伸び始めたわけではない。長大な体型は、①の高い枝の葉を食べるのに有利であり、②の高い目線から外敵を発見し素早く逃げることができ防衛力を高めており、さらに、③の雌に好まれるという一石三鳥の淘汰圧によって、その体型が沸騰点となったのであり、そこには、必ず周辺系（構造系、行動系）の進化が伴っているのである。

## 5　大型動物は階段状に凝縮進化する

凝縮進化（個体変異の正規曲線の移動・固定）は、滑りやすい乾いた砂山を上ったり下りたりするようなものであり、砂山を、どのように移動（凝縮進化）していくかが問題になる。小さく軽い昆虫やトカゲは、重力の影響を受けず容易に移動できるが、やや重い蛇は、サイドワインダーで移動することになり、体の重い大型動物は、その位置（足場）を保つだけでも難しい。

個体変異の移動・維持には、多くのエネルギーが伴う。何もしなければ、徐々にずり落ち退化してしまい、上に登ろうとするなら、足をとられ大変な労力（時間とエネルギー）が必要である。

しかし、登山のベースキャンプのように固定された足場（段）があれば、ずり落ちることもなく、また、登り出すにも少しのエネルギーで済む。

大型動物にとって、砂山のように不安定な環境では、足場を確保しながら移動する方法が極めて重要になってくる。

大型動物のソフトの凝縮進化は、先ず、この足場（ベースキャンプ・安定したソフト）を築き、そこを基点にさらに次の基地を築いていくように、階段を上るように進んでいく。

また、その足場も、行動系と構造系が交互に入れ替わっていく。

行動系のソフトが安定すると、これに応じた構造系のソフトが凝縮進化し、このソフトが安定すると、このソフトを利用し（足がかりに）、新たな行動系のソフトが凝縮進化していくというように、進化の階段は、一定の保険をかけながらつくられていく。

構造系と行動系が同時進化するには、莫大な個体数と偶然が必要であり、生命誕生に匹敵するような億年の時間とエネルギーが必要になる。

大型動物は、凝縮進化に失敗すれば、多くのエネルギーと時間をかけてきたものを一挙に失い、九仞の功を一簣に虧くことになるため、基地を築いて慎重に進まざるをえないのである。

遺伝子（ソフト）が容易に変動すれば適応は早まるが、それでは、生命を不安定にしてしまう。

繁殖力が高い極小生命（ウイルス等）ならそれでいいが、大量のエネルギーを必要とする少産、大型の生命にとって不安定なソフトは危険（リスク）が大きすぎる。

少産、大型の動物は、《石橋をたたく》ように保険をかけながら、一歩進んでは立ち止まり、階段を上るように凝縮進化していくことになる。

PCソフトやクルマの凝縮進化（バージョンアップ）を毎年していては、企業にとっても、ユーザー（消費者）にとっても負担が大きすぎる。

バージョンアップは、メーカーの負担やユーザーの収入等の環境を見て、ある程度、改修部分が貯まってから、なされなければならない。

象の鼻やキリンの首も、数十〜数百？万年毎の段階的な凝縮進化（バージョンアップ）を経て伸びてきた筈であり、その間のミッシングリンクを探してもあまり意味はない。
＊人類の脳も同じで、探しても見つからない。
遺伝子レベルの進化は、中途半端なモザイク状の個体を留めることはないのである。
＊バージョンアップで新旧の機能が重なる（繋がる）部分は個体差で補われる。
ガラパゴスの陸亀やフィンチ、マダガスカルのキツネザル等の亜種は、この数百万年かけたバージョンアップによってつくられた。

## 6　人為的な凝縮進化（品種改良）

我々が行う動植物の急速な品種改良（凝縮進化）は、沸騰点の周辺系（整合性の確認）を無視して行われるため、様々な不都合が生じている。

人類は、農畜産物の凝縮進化の沸騰点を、自らのために勝手に設定してきた。

多収穫の美味い農作物、より乳の出る牛、速さを追求した馬、早く成長し多産の豚や鶏、可愛い、変わった犬・猫・魚の沸騰点をつくり、かけあわせ、要求に満たない個体を淘汰してきた。

（高価な錦鯉は何万分の一だけが生き残れる）

人類の身勝手な目的（欲望）で急激に凝縮進化した彼らは、周辺系の進化が追いつかず、自然環境ではまともに生きられなくなってしまった。

ブルドッグは、大きな愛すべき顔といかつい体型のため、自然出産ができず、かわいい金魚（ランチュウ、スイホウガン等）も自然河川で生き残れない。

農作物は、甘くて大きい実をつけるために肥料や農薬漬けとなり、さらに温度・湿度まで管理されなければならない。

人工の環境が必要な品種改良（緑の革命）は、永続しないのである。

稀少品種ほど、周辺系を補うために余計なエネルギー（環境）を必要とし高価になる。

様々な農薬、肥料、設備なくして現代農業は成り立たなくなっている。

## 7　ソフトは「彫刻の表面」

バッタは、影が近づくと、反対方向に跳ね出すソフトを持っている。

たまたま《影》に反応した個体が多く生き残ったため、《点滴岩を穿つ》で、この反応（防衛行動）が遺伝子に刻まれた。

バッタは、影が、外敵（鳥）なのか、木の葉なのかは判断できないし、関心も無い。

したがって、彼は、危険だからといって逃げているわけではなく、ただ、影に自動的に反応しているだけである。

しかし、我々には、まるで危険を避けて（考えて）いるように見える。

そう見せているのは、《影＝危険》とする蓋然性（淘汰情報）で削られたソフト（……らしく見えるだけの冷たい石）、すなわち「彫刻の表面」のためである。

「彫刻の表面」であるソフトは頑固一徹な年寄りであり、理屈など全く通じない。

《近づく影》が何か分からないが、ともかく、影が近づけばピョンと飛び跳ね生き残ってきた。

《……の一つ覚え》だが、その実績は買わなければならない。

生命は、結晶と異なり、情報をソフト（彫刻の表面）に刻みながら生きてきた。

情報が遺伝子に刻まれるには、大量の個体数（変異）が必要である。

しかし、遺伝子の多くの情報は刻めない。

その情報は、極めてアバウトなもの（近づく影なら何でもいい）となる。

このアバウトな情報利用は、ある機能によって改善されていく。

脳ソフト（構造系）の凝縮進化である。

# 第４章　脳

## 1　脳（環境分析地図）

長い間、一つの細胞に止まっていた生命は、カンブリア紀に入ると多細胞化し、細胞の役割分担（分化）を始めた。

環境情報を分析する感覚器官・神経が個体の各所につくられ、海綿やホヤ・サンゴのように海水を濾したり、流れてくるプランクトンを捕らえるようになる。

海綿やホヤは、触覚や味覚で独自の世界（観）をつくりあげている。

しかし、手探りの触覚、味覚だけでは、闇の世界であり、接触しなければ、たとえ数センチ先に餌（プランクトン）がいても分からない（臭覚があれば別だが）。

この闇の世界は、光や音波に反応するセンサー（視覚、聴覚等）によって一変する。

最初は、明るい、暗い（昼・夜）をぼんやりと感じるだけだった生命は、やがて、焦点（モザイク状の像）を結ぶ受容体をつくり、対象の大・小を判別し、聴覚も、高い、低い等の様々な音を区別できるようになる。

さらに、センサー情報を中枢神経（脳）に集めて、周りの環境をアバウトに認識する模型

（環境地図）がつくられる。

環境地図は、淘汰情報を圧縮してつくった環境の図面（塗り絵の下絵・簡単な模型）であり、その空白部（受容体・域）にセンサー情報（光や音、臭い）を入力（着色）することにより、周辺環境を表示する仕組み（構造系ソフト）になっている。

バッタは、視覚情報を入力して危険（影）を避ける環境地図（脳）をつくりあげたが、ダニは、餌となる動物を、臭いと熱で描く環境地図（脳）をつくりあげている。

ダニの環境地図（餌域）に哺乳類の体臭（酪酸）と赤外線（体温）が同時に入力され（塗られ）ると、餌がいると判断され、ダニは、自動的に吸血行動を始める。

同様に、蚊の雌の脳（環境地図）では、人間の肌が、息（$CO_2$）と体温（赤外線）で描かれ、これらの情報がセンサーから入ると、雌の蚊は餌と判断し意気揚々と飛び立つことになる。

餌（人の肌）を$CO_2$と赤外線で表示する蚊にとっては、それが大人の肌であろうと子供、男、女の肌だろうと、まして美人や不美人などとは全く関知しない。

生命は、蓋然性により、必要最低限のセンサー情報で独特の環境地図（世界観）を描いている。

彼らの世界観はアバウトだが、多少誤っても、結果的に子孫を残すことができる蓋然性（確率）が確保できるならそれで充分なのである。

環境地図によって、周囲（遠方の環境）が見渡せるようになると、能動的な移動が可能となり、アノマロカリスのように餌（三葉虫）を積極的に追いかけるものが現れる。

それまで静寂が支配していた世界は、外界を表示する環境地図（脳）によって、食いつ食われつのダイナミックな動的世界（カンブリア紀の食物連鎖）に突入していく。

## 2　記憶細胞（メモリー）を備えた脳

バッタの環境地図（脳）には、《動く影》を外敵として規定する域（受容体）がつくられた。《影》が、どの方向から、どのように近づいているかを分析するだけでも大変な情報処理だが、バッタは、高度なセンサー（複眼）、脳（環境地図）を駆使して、この作業を行っている。

しかし、バッタの脳は、現在の情報を分析するだけで情報を保管する（記憶する）ことはない。

バッタの脳（環境地図）の域（受容体）は、影に反応するが、すぐ元に戻ってしまう可逆性の細胞でつくられているため情報を蓄えることができない。

しかし、この域（受容体）に、情報に反応し、かつ元に戻らない不可逆性の記憶細胞（メモリー）がつくられ、情報が保管されるようになる。

それまで、情報の保管には、とてつもない時間とエネルギーをかけて「彫刻の表面」として遺伝子に刻まなければならなかったが、記憶細胞により、情報が瞬時に固定されるようになる。

記憶情報は、有利に餌を確保し防衛するために利用され、凝縮進化の沸騰点となる。

記憶に無縁な昆虫は遺伝子情報に止まり進化しないが、記憶細胞（メモリー）を持った魚類は、《柳の下のドジョウ、株を守る》という新たな行動系、餌付け（行動誘導）を可能にし、大進化を始めることになる。

しかし、情報を固定した細胞は、新たな情報に対応できない。

新たな情報に対応するには、別の細胞を用意しておく必要がある。

より多くの情報を記憶し、そして反応するために脳（環境地図）は、大量の細胞（可逆、不可逆細胞）を用意するようになる。

大量の脳細胞を用意するのは大きな負担だが、それ以上の見返りがあった。

原因と結果を結び付ける記憶（餌付け）は推論（理性）の先駆けであり、凝縮進化と同じ過程を脳内でつくりだしている。

遺伝子を介し《点滴岩を……》で刻まれていた情報の採り込みは、この記憶細胞（メモリー）を持った脳によって、瞬時、かつ大量に採り込まれ、新たな進化の原動力になっていく。

## 3　進化をけん引する脳

ゼンマイ仕掛けのオモチャのようだった生命は、記憶細胞を持った脳により原因と結果を結び付け、まるで知恵（意志）を持っているかのように振る舞うようになる。

全ての生き物が餌（エネルギー）になるわけではなく、中には毒を持つものもいる。

記憶細胞によって、様々な餌が見分けられていく。

記憶によって《柳の下……》となり、新たな行動パターンが生まれる。《知っている》と《知らない》では大違いで、経験、知識は、生存率を飛躍的に高める。

記憶により、複雑な行動系がつくられ、それが新たな構造系（姿・形）につながっていく。

オゾン層がつくられ紫外線が遮られるようになると、潮だまりや波打ち際の藻類やプランクトンは陸に打ち上げられ、そのままでも長く生き続けるようになる。

上陸を果たした藻類は、水分等を吸収するために根を生やし、背を伸ばし幹や枝をつくる木（鱗木）となって森林を形成し、同時に進出した動物性プランクトンも変態し空気呼吸する昆虫へと進化していく（＊変態は進化の過程をたどっている）。

植物や昆虫が繁殖すると、これらは淡水（河川）に乗って海に流れ込み、河口付近の浅瀬（汽水域）で生活していた魚類の餌となる。

脳を持った魚は、この餌の流れを覚え、淡水の環境（河川の上流や湖沼）を好む行動をパターン化し、やがて、淡水にも適応する構造系の凝縮進化が進む。

餌の記憶が新たな行動系をつくりあげ、さらに、その行動系に適した構造系（耐性ソフト）が凝縮進化していく。

淡水域では、季節（雨季や乾季）がある。

乾季になれば、川や沼は干上がり、大気と水が入り混じる泥のような環境でも生きていかなければならない。

鰻の皮膚呼吸や、苦し紛れに消化器官に酸素を取り入れる変異（肺魚等）が凝縮進化する。同じ環境が何万〜何百万世代も繰り返されると、その環境に適した変異が、凝縮進化（定着・固定）していく。

海水から淡水、さらに淡水よりも陸上を好む行動系（感性）が凝縮進化すると、構造系も、地上を這いまわる手足や肺を持った両生類や、さらに耐乾性の皮膚で覆われ殻のついた卵を産む爬虫類になっていく。

脳の記憶が沸騰点（個体変異の正規曲線の移動）となって行動を変え、その行動系が、新たな構造系をつくりだしていく。

皮膚呼吸や肺等の構造系（変異）は、この餌の記憶がつくる行動系（陸上生活）が確保されて（先にあって）初めて凝縮進化するのであり、水中生活（行動）に留まっている限り、突然、皮膚呼吸や肺等の構造系を持った個体変異が生まれても、無意味であるばかりか、間違えれば溺死することになるのである。

凝縮進化は、①②③の淘汰圧力によって促される。

陸上進出は、②の防衛（外敵を避けるため）とともに、餌を求めて、陸に上がる行動系がパターン化し、皮膚呼吸や肺の構造系を沸騰させた筈である。

陸は餌が豊富で、外敵も同業者（競争相手）もいない新天地（フロンティア）だった。

脳の記憶に導かれた行動系が、構造系の凝縮進化を促すことになったのであり、海水から淡水への適応、肺や手足、さらに乾いた鱗、卵の殻等の変異は、保守的な行動をとっている限りは、無駄な構造系（無用の長物）でしかない。

高所にある餌（枝葉）を食べられる動物は少なく、干ばつ等では、口や背を精一杯伸ばして食べていた象やキリンの雄は、痩せることなく雌にモテた。

行動系が《体高や、鼻、首の長さ》を求めれば、長い鼻、首、高い背を持った構造系が沸騰点となり、長い間には、獲得形質（努力行動）が、まるで、遺伝していくかのように見えてくる。

背が高いと、①貴重な餌を優先的に食べられ、さらに②見通しもよく外敵も容易に発見でき防衛力が高まり、そうなると③の繁殖相手としても好まれ、凝縮進化が加速する。


生命進化は、突然変異（構造系の姿・形）の淘汰によって進むように解説されているが、構造系（姿・形）を支える行動系なくして成り立たないのは自明で、先に出した著書『ヒトの起源』では、行動系ソフトが構造系の進化を促すという《感性進化論》を唱えたが、数人を除き、全く反響がなかった。

突然変異の先行もないわけではないが、それには、生命誕生に匹敵するようなとてつもない時間とエネルギーが必要で人類の急激な進化は説明できない。

空中への進出は、行動系が先導したと考えられる。

地上の外敵に追われ樹上に逃げた鳥の祖先は、さらに追い立てられると、やむなく、空中に飛び出した。畢竟、落下することになるが、その時、暖房のためにつくった羽毛がクッションの役割を果たした。

これが何度も繰り返されると、羽ばたいて、より遠くへ移動するようになり、さらに、餌（木の実や虫）をとるために、木々の間を飛行する翼が凝縮進化する。
＊体重の軽い種は、落下を気にせず、鳥類の羽毛の翼や、リスのような敏捷性を身につけるが、体が重い種は、長い手足や尾を凝縮進化させ、ゆっくりと移動するようになる。
空中飛行は、膜を利用した哺乳類（ムササビ、ヒヨケザル等）のコウモリ型進化と、羽毛を利用した恐竜の鳥類進化がある。

一代や二代ではどうにもならないが、同じ行動が気の遠くなるような世代で続けられると、行動に沿った有利な変異が沸騰してソフト（構造系）として遺伝子に固定されるようになる。

## 4　記憶がつくりだすソフト

脳を持たないクラゲは海流に乗って漂うだけだが、脳（環境地図）を持った種は、同種や外敵、餌を見分けて泳ぎまわり、さらに、サケや海亀は、記憶に従って生まれた川、浜辺等に回帰するようになる。

生まれた川、浜辺等が、淘汰に有利な環境かどうかソフト（彫刻の表面）は分からないが、子孫を残してきたという実績は高く買わなければならない。

記憶は、何もない中での助け船であり、ヌーやカリブー・鳥の大移動（渡り）も、記憶がなければ、その旅は、全て未知への冒険になってしまう。

記憶は、なわばり・序列行動にも欠かせない。

目印のない広い大洋では、序列はできるが、なわばりはできない。

なわばりは目印が確認できる限定された環境でつくられる。

脳がなわばりの境界を覚えられないようでは、なわばりはつくれないし、一度、闘ったライバルとの結果（順位）を忘れ何度も闘うようでは、エネルギーをロスし、危険を増大させてしまう。


記憶により、相手を特定して子育てをする番い繁殖が可能になる。

役割分担、すなわち義務や責任をともなう番い繁殖は、確実に子孫を残していく。

番いで繁殖をする種は、微妙な配偶者や親子の姿形、臭いや声を正確に識別する域（フィルム・型式）を備えて子孫を残している。

よく知られた鳥類の《刷り込み》は、この域に瞬時に焼き付けることによって行われるが、我々人類も、故郷の景色、初恋、初めて食べたものの印象は第一印象となり、いつまで経っても消えることがない。

繁殖に想定外の物（同性や下着等）が刷り込まれると、《蓼食う虫も好き好き》となり、その影響を受け、やっかいなことも起こってくる。

一部の犯罪（再犯、累犯）も、刷り込まれた印象が強く、その情況が再現されることによって、意志（反省）を超えて起こることになる。

脳は、さらに記憶細胞（メモリー）を増やして一度限りの《刷り込み》ではなく、情報を修正・更新するようになり、そのために脳（環境地図）は、さらに肥大化していく。

## 5　熟練（スキルアップ）ソフト

情報の修正・更新が進むと、学習、経験を通した熟練（スキルアップ）がうまれる。

短期間で子育てを終える種は小型・多産が多く、何年かかけて子育てをする種は、大型・少産になっていく。

小型・短命・多産の昆虫の狩りは、遺伝情報（ソフト）に従って狩りをするだけだが、食物連鎖の上層の哺乳類、鳥類等の大型長命種の狩りには、記憶（学習・経験）が必要になる。

チーターの脚（狩り）は学習・経験によってつくられた。

如何にチーターであっても無経験（雛型だけ）では、敏捷なガゼルを仕留めることは出来ない。

猫も学習しなければ、ネズミを見ると追いかけるどころか、逃げ出してしまう。

チーターは子供同士の遊びや親のまねをしながら狩りを覚えていく。

チーターの狩りは、体力は勿論だが、獲物に気付かれず近づき、如何にとどめをさすかを学習・経験して初めて完成する。

動物園のチーターと野生のチーターは、もはや同じではない。

今は、外見は同じでも、凝縮進化の方向が異なってしまっている。

野生のチーターの沸騰点（走力）は、全力疾走を強いられる狩りの熟練（学習、経験）上につくられるが、動物園のチーターには全力を要する狩りがないため、もはや走力の進化は期待できず、退化するばかりである。

鳥類の飛翔ソフトにも熟練（学習・経験・スキルアップ）が欠かせない。

飛翔ソフトを完成させるには、それまでのソフト（年寄り）の常識（落下の恐怖）を、学習・経験によって壊さなければならない。

巣立ちを躊躇する雛の背中を押すのは、親の誘導と羽ばたきの練習である。

泳ぎ上手なペンギン・アザラシ・カワウソも、子供は自ら進んで水に入ろうとはしない。

陸生の動物特有の常識（溺れる恐怖・本能）があるからである。

この常識を覆し泳がせるため、親はしきりに水に誘う。

## 6　凝縮進化を促す記憶

パプアニューギニアのゴクラクチョウの華麗なディスプレイ（繁殖ソフト）も、一朝一夕にして生まれない。

未熟な求愛行動（ディスプレイ）しかできない若鳥は、雌の相手にされない。

雌も優秀な遺伝子を得るため真剣なのである。

雌に受け入れられるのは、長生きできて（すなわち生活力があって）、さらに、上手にディスプレイ（誘惑）ができる利口で美しい大人の雄だけである。

未熟な若鳥は、失敗を重ねながら、やがて立派な成鳥になる。

記憶の一つ一つが淘汰（死）とつながっている。

若鳥の脳には、昆虫なら数百、数千世代に相当する淘汰情報が詰め込まれる。

記憶が導く熟練は、遺伝子には刻まれないものの、数百、数千世代をかけて凝縮進化するシミュレーションと同じ働きをしている。


アネハ鶴は、渡りの記憶（エベレスト越え）によって強靭な肺や翼をつくり続けているが、天敵（記憶）がなくなった環境（孤島）の鳥は、その翼（飛翔能力）を、いとも簡単に手放してしまう。

ガラパゴスのフィンチの嘴（構造系）は、行動系（どのような餌を選択したか）によって分かれたのであり、先に嘴が変異して、それに合わせて餌が分かれたわけではない（陸・海イグアナも同様）。

化石として残らない行動系（記憶）が、構造系進化の原動力となっている。

この《行動系》が解明されなければ、脳の肥大化も、我々は何者なのか、我々は何処から来て何処へ行くのかも知ることはできない。

**ロケット**

ロケット（宇宙船）も、人やものを打ち上げるという意志（行動系）があってつくられた。そのためには、各部品をつくり組み立てる構造系の工場や、操縦するための行動系の宇宙飛行士の訓練が必須であり、これを支える科学者・技術者、さらに、育成するための大学・研究機関群も必要になる。

構造系の要求で行動系（操縦のマニュアル）が変わることは稀（例外・蒸気機関、電気の発明、利用は生命誕生に匹敵）で、通常は行動系の要求、すなわち用途の要請があって、あらたな構造系（革新技術）が生まれる。

生命進化も、同様である。

二つの系は車の両輪であり、互いに影響し合って凝縮進化する。

そして、日常生活に直結しない産業（素粒子研究、惑星探査等）を支えるためには、国民の世論とともに、経済的余裕、すなわち、国力（余剰エネルギー）がなければならない。

ロケットには、人類が獲得した様々な叡智（ハイテク）が結集されている。

ロケットは、一人の天才が全てをつくりあげるものではなく、何万〜何十万年かけて蓄積した人類の叡智（火、文字等）があって初めてつくられる。

また、様々な発明・発見をした天才達が生まれるためには、彼らの祖先はもちろん、何億、何千万人という普通の人類の裾野（背景）が必要で、この広大な裾野があってはじめて、高い山の頂ができる。

ロケットの栄光は、これを飛ばした一部の科学者や一国だけに与えられるものではない。文化・文明と全く関わりのないアマゾンの人類も、また、はるか過去の人類も、間接的に、その底辺を支えているのであり、ロケットは、人類の広大な裾野（歴史資源）、莫大な経済力（エネルギー資源）の上につくりだされたものなのである。

さらに言えば、他の生命（動植物）も、餌（エネルギー）等として我々人類を支え、打ち上げを支えているのであり、人類だけでつくりあげたものでもない。

科学者、技術者は従属栄養生命であり、彼らも、これまでの人類も、動植物が提供する食によって支えられている。

そして、動植物も単独では生きられない。

とどのつまり、ロケットは、地球全体の生命（太陽エネルギー）がつくり出している。

そして、我々の脳（情報処理機能）は、ロケット以上の超ハイテクである。

超ハイテク（構造系）が突然変異などによって出現することなどはありえない。

## 7　ヒトの脳に進化の飛びはない

ヒトの大きな脳が何故つくられたかは明らかである。

脳（構造系）が突然大きくなっても、その利用方法（知識と、これを利用する行動系）が用意されていなければ《水中の魚の肺》であり、水中で生活する魚が、空気呼吸のため肺（構造系）を突然変異でつくりあげても、無駄になるだけである。

肺の凝縮進化は、記憶を頼りに餌を探す行動系ソフト（基地）が前もってつくられていなければ、日の目をみることはない。

我々の脳は、変異先導ではなく、後述の情報を利用する行動系が先導してつくられた。
＊一部の発明は例外（電気、電波の利用等は好奇心が後押しした）。
脳が能力を発揮するためには、様々な情報が入力・蓄積されなければならない。

しかし、情報を入力する体制は一朝一夕に出来ない。

個別行動を採る種に情報の伝達はなく、情報を蓄積し伝達するには情報を共有する《群れ》という存在が必要になる。

さらに、莫大な情報を蓄積・処理しようとする本能（同調、序列、好奇心等の感性）がなければ、その真価を発揮することが出来ない。

これらの用意がないまま、脳だけが突然大きくなっても、脳は、自らを使いこなせず、ただ無用の長物（宝の持ち腐れ）となるだけである。

淘汰に、不要な存在を許す寛容さはない。

脳は、突然肥大化しても、この準備なしでは、あっという間に消滅していく運命にある。

泡のように脆弱だった存在（生命）は、本来無目的な変異を凝縮進化させ、《意志や知恵》があるようなソフトをつくりあげた。

生命はこのソフト以外に生きる術（手段）を持たず、このソフトによって、活動域を広げてきた。

ソフトは、その形成過程からして、皮相的、限定的、無目的な「彫刻の表面」であり、《意志や知恵》があると見せているのは、蓋然性と情報分析機能なのである。

脳は、情報分析から情報の蓄積、さらに蓄積した情報を加工するようになる。

我々は、役割分担のソフトによって、何の意味も無い現象に《意志》を見出そうとする。

からくり人形は、ゼンマイが巻かれれば、歯車やカム等に従って、あたかも生きている子供のようにお茶を運び始めるが、生命は全て、この歯車やカム等に従って動くからくり人形であり、我々人類も例外ではない。

我々が、《意志や知恵》を持ち合わせているように見えるのは、脳の機能（シミュレーション）を過大評価しただけで、実態は、歯車やカムのようなソフトに従って生きているだけである。

《知恵と意志》は全く異なる。

《知恵》は、発達した情報処理機能（脳ソフト・ツール）が、蓄積した情報を利用（シミュレーション）してつくりだされる。

この《知恵》を採用するかどうかは、からくり人形のゼンマイや歯車に当たる何も考えないソフト（彫刻の表面）が発する感性、すなわち《意志》が決定する。

生命は、この何も考えないソフトによって、大量絶滅（灼熱のスーパープルーム、極寒の全球凍結、大隕石の衝突等）を乗り越えてきた。
生命活動は絶え間ないエネルギーの流れであり、その中断はありえない。
一度消えた蠟燭は、再び点くことはないのである。
流れは、時には奔流となり、時には淀むが、エネルギーがある限り流れ続ける。

行動系ソフトは、様々な指令（感性）、すなわち、熱い、痛い等の電気的感覚（単純な信号）から、ホルモン等がつくりだす複雑な感情等を発して生命をコントロールしている。
＊指令を発するのは、行動系のソフトだけであり、センサーやツールといった器官は、自ら何をしろ、どこへ行けなどとはいわない。脳も情報を分析するツール系のソフトであり、感性は発しない（好奇心探索行動は例外）。
なす術もなかった原始の生命は、このソフトを纏うことにより、その数を増やし棲息域を拡大させ、地球を闊歩するようになる。

＊群れソフト
食物連鎖の中で様々なソフトがつくられたが、その中で、ある種は、群れ行動をとる《行動系のソフト》を凝縮進化させる。
センサー（視覚）を発達させて仲間の行動が確認できるようになった種は、仲間について行き、偶然、予期せぬ利益（効用）を手に入れる。

仲間の動きをまねた個体は、直接、敵を見ることなしに敵から逃げおおせ、また、ある時は、仲間の後を追うと、その先に餌があり、労せずして餌にありつくことができた。

群れ行動は、情報収集能力を飛躍的に高めることになる。

仲間に同調した個体は、仲間を無視した個体よりも生き残る可能性を高め、その子孫を増やし、この行動様式（仲間に同調するパターン）は様々な種で凝縮進化していく。

仲間に同調する群れは、群れの個体数分の目（センサー）を新たに持ったようなもので、この行動をつくりだすソフトは、直接敵や餌を見ることなしに、実況（ライブ）で大量の情報を伝える省エネの情報ソフト（群れソフト）となっていく。

生き残りのソフトなしで、淘汰の荒海を渡ることはできない。

群れソフトは、生命にとって、生き残るための羅針盤、一筋の月明かりとなり、やがて人類に至り独特の成果をあげることになる。

生命（ハード）は、鉱物の結晶と同様、本来、目的や意志を持っていない。

必死に生きて子孫を残そうとする意志のように見えるのは、偶然の変異が凝縮進化した生き残りのソフト（彫刻の表面）が働いているからである。

生命は、このソフト以外に生きる術を持たず、我々、ヒトも例外ではない。

我々の行動基準は、彫刻の表面（生き残りのソフト）がつくっている。

ただ生きているだけで何の反応もない寝たきりの植物人間が、突然、「ああ、腹が減った！」などと言って目を開け起き上がれば、家族は意識が戻ったと手を取り合って喜ぶが、これは、エネルギー不足を回避するソフト（本能）が働いただけである。

ソフトがなかった原始の生命は、エネルギーがなくても腹は減らない。

エネルギーの減少を測るセンサーも、その対応手段（食欲というソフト）も持たず、偶然、栄養があれば成長、増殖するが、それが不足するからといって動き出すことはない。

結晶と同様、ただじっとしているだけである。

ソフトがその存在を変えた。

人類は、この本来無目的な行動系のソフト（彫刻の表面）に導かれ、太古の魚の時代から両生類、哺乳類、そしてサルへと姿を変えてきた。

サケが生まれた川を目指すのは、産卵のソフト（本能）があるためで、同調のソフトがあれば、蚕が繭を紡ぐように、いつの間にか群れをつくりあげる。

我々は、どうしていいか分からないとき、他人を見て、そのまねをする。

これは、我々に群れソフト（本能）があるからで、単独行動をとる種に、この発想はない。

我々は群れソフトが発する感性により、他人と同じなら安心し、他人と異なると不安になる。

我々は、人目を気にし、人と比較する。

身内が出世すれば喜び自慢する。

我々に備わったなわばりソフト（序列意識）が働くからである。

成人、就職、結婚の喜び。

正式に群れの一員になりたい。

群れソフトから発展した役割分担ソフトの働きである。

我々の脳は、これらの行動系のソフト（本能）に応える単なるツール（道具・情報分析器官）であり、我々の好奇心は、おまけなのである。


人類の脳は、群れをつくり莫大な情報を蓄積、処理するために肥大化した。

始めは付和雷同を誘導するだけだった単純な情報ソフト（第1類型の群れソフト）は、食物連鎖の中で餌（エネルギー）の奪い合いが深刻化すると、なわばりソフトによって序列や排斥等の指令を発する第2類型の群れソフトとなり、さらに、サバンナで生き残るために役割分担がある第3類型の群れソフトに進化し、莫大な情報を蓄積・処理する脳をつくりあげた。

たとえ脳が突然大きくなっても、その使い道（行動系のソフト）が確保されていなければ何の意味もない。

肥大化した脳は、それをフォローする行動様式（群れ帰属意識、なわばり意識、役割分担の意識）がなければ宝の持ち腐れであり、大きな脳は、生命にとっては、かえって負担となるだけなのである。

人類が長い時間をかけ、つくり上げてきた群れ行動様式（家族、序列があり、役割を分担し、コミュニケーションにより知識・経験を伝達・蓄積する長い育児、性的に成熟しても、群れに入れなければ子孫は残せない生活）があってこそ、初めて肥大化した脳は、実力を遺憾なく発揮できることになるのである。

環境が、生き残りの蓋然性によってソフト（彫刻の表面）をつくり、これらのソフトによって脳が肥大化し、この脳によって、やがて、文化・文明が育っていく。

ひたすら川をさかのぼるサケのように、我々は、目に見えないソフト（本能・モード）に動かされ日常を送っている。

ヒトと会い、人と話し、人と調整し、人に怒り、人と喜ぶ……。

ソフト（本能）の欲求に応えるため脳は、あれこれと考えをめぐらす。

群れソフトは、極めてうまくできた「彫刻の表面」であるため、まるで脳が考えた合理的な行動のようである。

しかし、脳は、あくまでも群れソフトを実行するためのツール（道具）にすぎない。

壺にはまれば、花カマキリの擬態のように威力を発揮するが、そのモード（環境適応）を誤ると、取り返しがつかない事態を招く。

肥大化した人類の脳（ツール・情報処理機能）は、その処理能力をもてあますと、自らのパターン化に飽きて稀少性を追求する好奇心という独自の指令（感性）を発するようになる。

彫刻の表面であるソフトとは反対の感性である。

ソフトは起動条件しか見ないが、好奇心は、その因果関係（理屈）を見ようとする。

ソフトの関わらない（利害関係にない）すがすがしい星空を探索する。

群れソフト（本能）は、属性（群れ帰属意識）をめぐって部族、民族、宗教を生みだし、なわばり、暴動、大量殺戮、戦争を引き起こす原動力となっている。

ヒトは、群れソフトに導かれ、ひっきりなしに口をパクパクと動かし、情報を仕入れようとする。

気の遠くなるような大量の無意味な会話（コミュニケーション）が、地球を飛び交っている。

我々は、ほんの数十万年前？までは、従属栄養生命として他の猿類と同様に、細々と狩猟・漁労・採集生活をしていた。

この従属栄養生命としての人類の生活は、火の利用により一変する。

食物連鎖の枠をはみ出したのである。

菌類とシロアリ以外からは見向きもされなかった枯れ枝が、我々の新たなエネルギー（明かり、熱源、食の拡大、消毒、防御等）となる。

人類最初のエネルギー革命である火の利用によって、それまで利用されなかった様々な動植物（エネルギー）が新たに利用可能となり、人類は、最初のテイクオフ（生活様式の革命、人口爆発）を引き起こし、人類拡散の原動力となる。

生命は、栄養（エネルギー）がある限り、増殖を続ける。

人類は、さらに第二のエネルギー革命（牧畜・農業革命）により、太陽エネルギーの独占を始め、その余剰エネルギーはさらに人口を増加させ、古代の文化・文明をつくりあげる原動力となる。

余剰エネルギーは生命を大進化させ、人類においては、人口爆発と文化・文明をつくりあげる。

その後、人類は第3のエネルギー革命、化石燃料（石炭、石油）を利用する蒸気機関（産業革命）により、無限ともいえるエネルギーを手に入れ、限りない環境破壊と人口増殖の道を突き進むことになる。

人類はどこへ行くのか。

かつての脅威（肉食獣）は、既にいなくなり、排斥感性は同胞に向かうだけである。

パニックをつくる本能の働きを知り、大局的、鳥瞰的に行動しなければならない。

様々な選択肢がある。

自分だけ良ければいいという矮小な行動様式は、独裁やテロ等の悲惨をまねく。

軽い有機体中心につくられた結晶（生命の増殖）は、高温・高圧エネルギーでつくられる重い鉱物結晶と異なり、穏やかな化学エネルギー（硫化、酸化、還元、炭酸同化等）を利用してつくられる。

鉱物の結晶は、一旦増殖を停止しても、再び同じ高温・高圧等の環境になれば、その分子、イオン構造等の構造特性（複製機能）によって同じ結晶がつくられるが、有機体の結晶（生命）は、一度絶滅してしまうと遺伝子（版木）が失われ、たとえ環境が戻っても、復活できない。

永遠不変の鉱物の構造特性と異なり、地球誕生から生命誕生までの準備期間、そして今日までの紆余曲折の進化の期間、すなわち46億年という壮大な地球時間の中で遺伝子の喪失（絶滅）を繰り返してきた。

生命とは、エネルギーと時間の流れの中に漂う存在であり、どちらが欠けても生きていけない。

# 第5章　ヒトのソフト

先ず、人類の本能の基礎、群れソフト（行動系）について述べる。

## 1　同調の群れソフト（第1類型）

### (1) 群れとは

無垢の生命（基本機能）は、多細胞化すると、様々な変異（ソフト）を身につけるようになった。

ある変異は膜や繊毛となり、ある変異は感覚器官や神経等となった。

やがて、バラバラだったセンサー情報を統合して、周囲の環境を分析する環境地図（模型）を持った中枢神経（脳）がつくられる。

脳（環境地図）を持った種は仲間を見分け、仲間の動きに同調して群れをつくるようになる。群れをつくる行動系ソフト（本能）の凝縮進化である。

水中に漂うプランクトンは、いくら大量に集まっても各自バラバラに動いており、互いに同調するような《群れ》ではない。

彼らが集まっているのは、産卵や成長の時期・水域が同じだったためである。

そして、石ころは、同じ色、形だからといって、互いに動いて集まるようなことはないが、磁石は、磁力があるため、一定距離近づけば、必ず、互いに引きあって固まるか、反発する。

同調する《群れ》も、同じ種（仲間）だからといって、勝手に集まるわけではなく、この《群れ》がつくられるためには、磁石に相当するものがなければならない。

同調しない群れ（プランクトン）は、仲間の行動には無関心で、そもそも、仲間に同調するための高度な視力（センサー）や脳（環境地図）、そして一定方向に泳ぐ機能を持っていない。

しかし、視力・脳（環境地図）を備えて周りの環境が見えるようになると、たまたま集まっていた群れの中に、仲間（同じ属性）のあとを追いかける個体が現れる。

か弱い生命は、広い海の中で、何のソフト（藁）もなかったが、目の前に多くの仲間がいた。仲間は生きて動いており、「とりあえず、仲間についていってみよう」

「いまは、これしかできないし、闇雲に泳ぐよりもマシかも……」

と、そこまで考えたわけではないが、結果的には、気の遠くなるような淘汰の中で、仲間に同調した個体が生き残り、少しずつ増えて、やがて、積極的に同じ属性（仲間）のまねをし、異なる属性（外敵等）とは反発する群れソフト（行動パターン・磁石の働き）が凝縮進化した。

原始の海は、いつのまにか、同調する群れで溢れるようになる。
＊いまでも、バイオマス（生物量）の上位は群れ行動をとる種で占められている。

なぜ、群れ行動をとる生命が繁栄するようになったのか。
群れ行動には、思いがけないメリットが後からついてきた。

## (2) 群れのメリット（働き）

仲間に同調することは、結果的に、敵や餌を直接見なくても、その情報を間接的に受け取る情報のネットワークをつくり、個別行動では負担しなければならない危険（捕食者との出会い）や、餌を見つける労力（エネルギー消費）を軽減することになる。

また、この群れは、個体数が多いほど、多くの情報が得られ、繁殖相手を容易に見つけ、外敵に狙われる確率（危険）も減らすことになった。

これらのメリット（機能）の一つ一つは、強い淘汰圧とはならないが、総合的には、穏やかで大きな淘汰圧であり、群れをつくり上げる磁石、すなわち、《仲間に同調する行動系ソフト（群れソフト）》が時間をかけてゆっくりと凝縮進化した。

食物連鎖の下層に位置する鰯や鰊の群れは、このソフトによって、仲間の動きに同調（付和雷同）して方向転換する典型的な群れ（第1類型）をつくりあげている。

## (3) 群れに必要な脳

敵も味方も区別できないセンサーや脳では、仲間に同調し群れをつくることはできない。
群れをつくるには、色相や明度等に反応するセンサーや、その情報を集めて仲間かどうかを判断する情報分析機能（脳・環境地図）が必要になる。

群れをつくる脳（環境地図）には、仲間の特徴を大まかに判別する《属性域》が用意されており、センサー情報が入力され、姿・形等が一致すれば、群れソフトは、《仲間に同調せよ！》という感性を発して群れ行動を促し、群れをつくりあげる。
＊環境地図の属性域には、魚類のように先天的（遺伝的）に決定された属性や、鳥類の《刷り込み》のように後天的に入力される《属性の空白域》があり、群れソフトは、この属性の確認を待って様々な感性（本能）を発することになる。

一方、単独行動をとるカエルの脳（環境地図）には、仲間をはっきり見分ける属性域がない。

そんなカエルの雄は、繁殖期になると声を出して雌を集めようとするが、雄か雌か分からず、ただ動くものを雌と信じて、やみくもに抱きつくだけである。

しかし、鰯や鰊のような第1類型の群れでは、そうはいかない。

うっかりして仲間を見失い、群れからポツンと取り残されたなら、あっという間に天敵（鰹や鮪等）の標的（餌食）となってしまう。

何一つ頼るもののない大洋で、唯一頼りとなるのは仲間だけである。

とりあえず目の前の仲間は生きて泳いでいるのであり、その後をついていくことは、安全性（生き残る確率）が高いことになる。

また、群れに入れば、他の仲間が犠牲になり、自分は助かるかもしれない。

鰯や鰊の脳は、刻々と変化する仲間の行動に瞬時に反応しなければならず、休む暇なく、データを群れソフトに送っている。

カエルののんびりした脳とは段違いの忙しさである。

彼らの脳は、アンテナを張り、絶え間なく判断を求められる小さなネットワーク・コンピューターであり、この電脳を動かすために絶えず新しいエネルギー（血液・栄養）が送り込まれる。

鰯や鰊の群れで大事なのは、仲間の動きを見張る大きな目（センサー）と、これを分析する活性化した脳（環境地図）なのである。

この脳に、やがて、不可逆性の反応をする記憶細胞（メモリー）がうまれ、情報の固定（餌づけ等）が始まる。

### ⑷　群れソフトの感性（本能・群れ帰属意識）

同じ種であっても、様々な個性（癖・性向）が生まれる。

高所恐怖症や動物嫌いのように危険に過敏に反応するものもいれば、あまり気にしない者もおり、中には、喜んで、高所に登り、蛇や虫を飼う者もいる。

同様に、たまたま、仲間の後を追う個性（性向）の個体が生まれた。

その子孫が同じ行動を繰り返していくと、次第にそのメリットが濃縮され、やがて、仲間に同調しようとする個体が多く生き残って群れをつくるようになった。

同調できない個体は《出る杭》となって淘汰され、仲間の後を追う個性は、仲間の後を追う本能、群れソフトという「彫刻の表面」に凝縮進化する。

群れソフトは、《たまたま仲間の真似をした》を、《常時、仲間の真似をする感性（行動指令）》を発して第1類型の群れをつくりあげる。

群れソフトは、先ず、確認感性を発して、常時、仲間に気を配り、その動向をチェックさせる。

仲間から外れては生きていけない第1類型の群れは、仲間の動向を知ることが最大の関心事（重要で埋めなければならない空白域）となる。

付和雷同する第1類型の群れにリーダーはいない。

たまたま餌や外敵を発見して方向を変えた個体が群れを先導（誘導）することになる。

群れソフトは、同じ属性（特徴）と一緒なら安心・楽しいというプラスの指令（感性）を発して群れをつくらせ、一方で、異なる属性（外敵等）には恐怖や警戒等のマイナスの感性を発していく。

また、群れから離れたり、仲間と同調できないと、不安や孤独、疎外感というマイナスの感性を発して群れへ戻そうとする。

第1類型の群れソフトは、これらの感性（群れ帰属意識）によって、ほうっておけばバラバラになる個体を磁力のように引きつけ群れをつくり上げる。

何一つ頼るもののない大洋で、唯一の頼りとなる群れは、群れソフト（行動系）が発する感性（群れ帰属意識）によってつくられる。

### (5) 第1類型の群れの外形

《第1類型の群れ》には、同調によって間接的に情報（餌や外敵）を伝え、個体数が多いほど、情報が増え、繁殖相手も簡単に見つかり、外敵に狙われる確率を減らすというメリットがあった。

この群れでは、同調できない異質な個体が《出る杭は打たれる》で除かれ、仲間に融け込み、紛れることができた個体が生き残るため、個体差のない同じ姿・形の金太郎飴になっていく。

また、群れとしても、各個体の姿・形がバラバラでは確認するのも難しく、同調することなどできないため、一目で分かる、目立つ模様や色が第1類型の群れの特徴になってくる。

一般的に、弱い個体は、目立たない迷彩色で姿を隠そうとするが、フラミンゴは弱いのに、目立つ色彩・姿をしている。

これでは捕食者に簡単に見つかって具合が悪そうだが、同じ姿形が何万羽となれば、《分身の術》となり、捕食される確率も、何万分の一となってくる。

また、そこで捕まるのは仲間に融け込めない怪我等で弱った個体だけなのである。

分身の術は、《擬態》と同じ本体を隠す（くらます）効果がある。

カマキリや蛾は、周辺環境（花や木の葉や幹）に擬態する。

鰯や鰊、フラミンゴの周りは仲間だらけであり、言葉を変えれば、彼らは、その環境（仲間）に擬態していることになる。

仲間同士が互いに擬態する行動系によって、ますます、目立って、似通った、ペンギンのような独特の姿形、模様（金太郎飴）がつくられる。
＊フラミンゴ・ペンギンの営巣では聴覚（鳴き声）が唯一の個性となっている。
第1類型の群れは、その一部（擬態に失敗した個体）を捕食者に提供する犠牲のシステム（トカゲの尻尾切り）を織り込みながら生き延びている。

### ⑹ ヒトの群れソフト（群れ帰属意識）

進化において、突然、別種が誕生するような進化のジャンプ（中抜け）はありえない。

構造系と行動系を両輪とする進化は、十二単のように、一枚一枚を順番に脱いだり着たりしなければならず、まとめて衣（ソフト）を脱ぎ、着替えるようなことは出来ない。

発生が示すように、我々人類は小魚から進化してきたのであり、当然ながら、そのソフト（構造系、行動系）を受け継いでいる。

隣の芝生がついつい気になるのは、常に他人を見ていないと不安になる群れの感性（群れ帰属意識）が働いているからであり、井戸端会議の花は他人のゴシップとなる。

我々は、気の合う仲間、すなわち同じ属性（立ち位置、嗜好、価値観）と一緒にいると楽しく安心し、気の合わない仲間（異なる属性）といると不安や孤独感が生まれる。

また、我々は、一人注目されると胸はドキドキ、赤面してしまうが、この感情は、我々の原始の本能（群れ帰属意識）が、鰯や鰊と同じで、目立つことは出る杭となって危険、仲間に融け込んでいれば安全と教えているからである。

我々は、億千万年、群れをつくって餌を探し、群れによって捕食者から逃れてきたのである。祖先は、群れソフトが発する指令（群れ帰属意識）以外に生きる術がなかった。

我々は、パン（エネルギー・栄養）だけでは真に生きられない。同調する群れ（仲間）が必要なのである。

仲間との固い団結は、大きな高揚感（勇気）をもたらしてくれる。

我々は仲間とともにあると熱く燃え、仲間と訣別すれば寂寥感が待っている。

我々は、猛獣が徘徊するジャングルや草原を、群れ行動によって生き残ってきた。

もし、群れソフトが個別行動に恐れや不安、団体行動に勇気や安心感を発しなければ、我々は、糸の切れた凧のようになってしまう。

我々が群れをつくるのは、脳が、合理的と判断した結果ではない。

脳（環境地図）は、単なる情報分析機能（道具・ツール）にすぎず、決断はできない。

我々を突き動かす決定をするのは、群れソフトという本能（彫刻の表面）なのである。

幼い子供に、《人見知り》をさせるのは本能であり、脳は、《知らない人間》と分析するだけで、これに《近づくな！》とは言えないのである。

蟻がフェロモンに導かれるように、サケが川を上るように、我々は群れソフト（本能）が発する感性（群れ帰属意識）に無意識に従っている。

群れ行動は、人間行動の原型をつくりあげている。

音楽は同調を促し、孤独に沈んだ心を、癒やし慰めて高揚させてくれる。

しかし同じ同調によって、理性（標識・事故の危険性）を無視する《赤信号、皆で渡れば怖くない》が起こり、付和雷同行動（パニックや暴動、ポピュリズム）がつくりだされることになる。

### (7) 第1類型の群れの環境

食物連鎖の低層に位置する第1類型（鰯や鰊）は、湧き上がる膨大なプランクトンを背景に海の色を変える莫大な個体数を有する群れをつくり、連鎖上層の鰹や鮪、鮫、イルカ等を養っている。

しかし、この豊饒の海も太陽が傾けば、プランクトン（太陽エネルギー）も消えていき、第1類型はもちろん、これを餌（エネルギー）とする群れも新たな対応を迫られる。

大洋では、限られた餌を求めて回遊（大移動）が始まり、仲間と奪い合いが始まる。

群れは、餌（エネルギー）を奪い合うなわばり・序列を持つ第2類型、さらに役割分担がある第3類型へと進化していく。

センサー情報を集めて環境地図（中枢神経・脳）をつくりあげた生命は、周りの景色や仲間を見分け、仲間の後を追うようになった。

同調行動は、餌や外敵の情報ネットワークをつくることになり、省エネ効果もついてきた。

同調できない個体は、犠牲のシステム（出る杭は打たれる）によって淘汰され、ますます同調する個体が生き残り、行動系の群れソフト（感性）が凝縮進化、群れは、金太郎飴の外観（構造系）になっていった。

## 2　排斥のなわばり・序列ソフト（第2類型）

### ⑴　競争が始まった

湧き上がる大量のプランクトンが餌の第1類型（鰯や鰊）に仲間との争いはない。

彼らは、豊饒の海で、平等に食事し、同じように太っていく。

しかし、鰯や鰊を餌にする鰹や鮪の群れ（食物連鎖の上層）になると、必ずしも平等に餌がとれるとは限らなくなる。

小さな餌の群れでは、あっという間に食べ尽くされてしまうため、如何に仲間より早く餌を見つけ、飲み込むかが問題（進化の沸騰点）となってくる。

本来なら、鰹や鮪の速さは、チーターがガゼル等を追うように、獲物より少し速く走れれば充分（省エネ）だが、彼らのスピードは、餌（鰯や鰊、イカ等）と比べると桁違いに速い。

この高速仕様の構造系ソフト（鰓や筋肉・紡錘型の体型等）は、広い海を効率よく移動するためもあるが、それよりも、仲間より早く餌を飲み込めるかという《パン食い競争》によってつくりだされたと考えられる。

解放された広い大洋では、餌を隠してゆっくり食べることなど出来ない。餌を高速で先に飲み込み、腹を満たした個体が生き残ってきた。

人間でさえ、長い期間、泳ぎ続ければ、水泳選手のように逆三角形の体になっていく。ましてや、鰹や鮪の群れは、この環境を数千万年?も続けており、そこで、高速仕様にならない方がおかしいのである。

この、《パン食い競争の状態》は、《餌の独占が可能な狭隘な環境》になると、仲間を押しやって餌を奪う《椅子取りゲーム》へと移行していく。

**椅子取りゲーム（なわばり）**

たまたま仲間を突っつくと、仲間は驚いて移動したため独占域（なわばり）が出来て、難なく餌（椅子）を手に入れることができた。

この突っつき（行動系）が凝縮進化すると、仲間（ライバル）を追い払い、一定の区域（テリトリー）を確保しようとする《なわばりソフト（本能）》になっていく。

それまで、危機管理ソフトは、外敵が現れると、交感神経を興奮させる緊急指令（アドレナリン等の情報伝達物質）を発して逃走行動を促していたが、なわばりソフトは、この物質を、逃走だけでなく同種（ライバル）の排斥（威嚇・攻撃）にも利用するようになる。

なわばりソフト（本能）を持った種の脳（環境地図の属性域）には、天敵や同種の属性が先天的に入力されており、ソフトは、脳の報告（近づく個体はライバル）を受けると、排斥感性（アドレナリン等）を発しなわばりを守ろうとする。

なわばりソフトを持った種は、なわばり内での同種（ライバル）との同居を許さず、どちらかが退去するまで闘い（アドレナリン等の分泌）を止めない。

＊このソフト（本能）を利用して、アユの友釣りや闘魚（ベタ）、コオロギやクモの闘虫、闘鶏、闘犬、闘牛等が行われる。

かつて、生命の脅威は、自然災害や捕食者（天敵）だけだったが、餌（エネルギー）が限られた環境では、なわばりソフトが凝縮進化し、同じ種が脅威（敵）となってくる。

## ＊なわばりソフトは自我をつくる

芋虫の関心は、目の前の葉の臭いや味、そして外敵（鳥）であり、隣の同種（仲間）が何をしようが関心はない。

また、群れをつくる鰯や鰊も、同調するために仲間をチラチラ確認するものの、模様、動きが分かれば、仲間が太っていようが痩せていようが構わない。

同種の個体の個性（属性）に関心がなければ、仲間と較べて自分はどうだという比較、すなわち〝自分の認識（自我）〟も生まれない。

第1類型の群れでは、ひたすら仲間や餌を追うだけで自意識などない。

＊外敵が来ると収縮したり、棘を出し逃げだすウニやヒトデは、我（自己）を守っているように見えるが、彼らに自分の認識（自我）はない。
同様に、バッタに近づくと跳ねて逃げるのは、外敵から身を守るために逃げているように見えるが、これは、影が近づくと反対方向に跳ねるように設定されたソフト（条件反射）のためであり、バッタ自体に自己を守ろうとするような意識はない。


しかし、なわばりソフトを持ち、ライバル（同種）と争うようになると、俺はあいつより大きい、小さい、強い、弱いという比較（彼我の評価）が必要になってくる。

〝我〟が弱ければ、なわばりをあきらめ逃げ出さなければならない。

ライバルとの比較は自己評価を促し、自分（我）という意識の種となる。

本来無目的な生命（ハード）は、なわばりソフトを纏うことによって、からくり人形のような空虚な〝我〟の段階から、あたかも自我（エゴ）や生き残りの意志があるかのようにふるまうようになる。

### (2) なわばりのメリット、デメリット

なわばり（テリトリー）は、磁石の斥力のように働くため、個体間を適当に分散させて、餌の偏りによる共倒れを防ぎ、安定的に種を維持させるメリットがある。

同族相食む《なわばりソフト》は、食物連鎖の上位種が、適正な個体数を維持（分布）する

ために自らに課した足枷なのである。

（異常増殖した人類は、どうなるのか……）


なわばりソフトを持った種は、ライバルが近づくとアドレナリン等の興奮物質（排斥感性）を発し、先ず、体を大きく見せる等の威嚇行動（冷たい戦争・省エネの争い）によって、なわばりから追い払おうとする。

ここで相手が逃げ出せばいいが、互いに引かなければ、実力行使（熱い戦争）によって決着（彼我の評価）が図られることになる。

一旦、なわばりソフト（本能）がつくられると、このソフトのない状態に戻すことはできない。

もし、この感性を弱めるなら、他のなわばりソフトを持った個体に、待っていましたとばかりになわばりを奪われ、自分の子孫を残せなくなるからである。

なわばりソフトは、急速に凝縮進化していく。
＊ゆとり教育の結果どうなったか？（餌が豊かなら別だが……）
しかし、血を流してようやく勝負をつけても、それが定着（記憶）されなければ、再び争いが起こることになる。

結果を忘れ、同じ相手と争いを繰り返していては、本来、餌を確保するためのなわばりが、かえってエネルギーを消耗し、体を痛めるだけになってしまう。

この本末転倒の状況を打開するために、ライバルとの争いの結果を記憶するメモリー（記憶細胞）が凝縮進化し、権利を主張する領域（テリトリー）の記憶にも利用されるようになる。

### マーキング

なわばりを予めライバルに知らせ、無駄な争いを避けるためにマーキングがうまれる。

マーキングは、なわばり（テリトリー）の周辺に掻き傷（視覚）や臭い（臭覚）を付け、鳴き声（聴覚）を発して、これ以上入るなと宣言・警告するものである。

掻き傷や臭い付け、鳴き声は、自らの代理（分身）であり、なわばりに立てられた立入禁止の看板となる。

熊や狼、小鳥は、この看板によって、相手の性別、体型等の情報を知ることになる。

看板は、実力伯仲の場合や、極端な餌不足により無視されることもあるが、通常は尊重され、不要な争い（エネルギーの消耗）を前もって避けるメリットがある。

マーキングは、記憶細胞（メモリー）を利用して、なわばりソフトの直接対決を回避、軽減するソフトとして凝縮進化した。

## (3) 群れとなわばりソフト

単独で行動する種がなわばりを主張するのは簡単である。

脳（環境地図）に《同種の属性域》を用意し、この属性と同じ奴（ライバル）が来たら、追い払えばいいだけである。

しかし、このソフトを群れが採り入れるとなると、大問題になる。同調して集まっている群れに、同種を敵（ライバル）と見なす《なわばりソフト》が働けば、群れはあっという間にバラバラになってしまう。

同種と協調する群れソフトと、同種を排斥するなわばりソフトは、水と油なのである。

しかし、餌が充分に確保できなくなってくると、群れも、なわばりソフトの導入（リストラ）を検討せざるを得なくなる。

第１類型にあったトカゲの尻尾切り（犠牲のシステム）の延長、同種を排斥する椅子取りゲームが始まる。

①群れに採り入れられるなわばりソフト

サケやマスは、大洋では同調する第１類型の群れだったが、繁殖時には、配偶者や産卵場所を確保するためになわばりを主張し同種を排斥する個体があらわれ、なわばりソフトが普及（凝縮進化）するようになった。

なわばり争いによって同調する群れは崩壊するが、彼らの寿命は産卵が終われば尽きるため、群れが崩壊しても支障はない。

一方、アジサシやフラミンゴ等の第１類型も、敵を見れば次々と警戒の声を発し、餌を採るのも繁殖も集団で行い、全て群れソフトで行動しているが、営巣中の彼らは、突っつき合いをし、巣に近づくものは、たとえ小さな雛であろうと容赦なく追い払っている。

彼らは、なわばりソフトを起動する時期と場所を、繁殖期と巣の周囲に限定し、同種を身内（番いの相手と雛）と部外者に分けて群れを保っている。

外形的には金太郎飴で、ほとんど区別がつかない彼らの群れ（金太郎飴）は、どのように《身内と部外者》に分けているのか。

群れ（大集団）で営巣する番いは、脳の属性域に身内の属性（鳴き声等）を記憶して、身内とは同調、異なる属性（部外者）には排斥感性を発している。

すでに大集団をつくりあげている彼らは、それ以上個体数を増やしても餌が確保できないため、限られた数（皇帝ペンギンは一個の卵）の雛を育てることになる。

限られた雛を確実に残すために、義務と責任が伴う役割分担（番い）によって、なわばりを巣立ちまでの繁殖期に限定していた群れは、やがて、常時、なわばりを主張し、群れ内部では序列をつくるサルや狼のような第2類型の群れになっていく。

第2類型の群れは、同調の群れソフトによって群れがつくられ、異なる群れ同士は、なわばりソフトによって反発し、さらに、群れの個体の属性（強弱等）を記憶することによって群れの中に序列をつくりあげる。

②第2類型の群れ（属性の記憶）

水族館の大水槽で泳ぐ鰯の群れに、新たな鰯（新入り）を加えても、群れは何事もなく平然とその個体を受け入れ、受け入れられた個体は、どこにいるか分からなくなる。

第1類型の群れでは、同種の個体は全て仲間であり、敵にはならない。

同種かどうかの確認は、脳（環境地図）に設置された属性（域）と目の前の対象体（魚）との突き合わせによって行われ、敵となるのは、属性が異なる鰹や鮪、海豚、鯨等である。

しかし、動物園のサルや狼の群れに、同種の個体（新入り）が入るとどうなるか。

子育て中のペンギンやフラミンゴの群れ以上に、新入り（部外者）は、同じ種の個体であるにもかかわらず、群れから情け容赦のない攻撃を受けることになる。

ペンギンやフラミンゴは、なわばり（巣の周り・テリトリー）に近寄らなければ攻撃されないが、第2類型のサルや狼の群れには、そのような域はないため、動物園の新入りは、同じ種でありながら、群れの中ではどこまで行っても排除すべき敵（ライバル）として取り扱われる。

新入りが群れに受け入れられるには、檻の格子越しで互いの顔見世（一定期間の慣らし）がなされ、群れの承認を得なければならない。

新入りは、顔見世（紹介・記憶）によって群れに自分の特徴（属性：姿・形、臭い等）を覚えてもらい、低い序列になることを条件に受け入れられる。

受け入れられた新入りには《群れの新たな仲間》という名札（属性）が掛けられ、この名札に基づき、群れで生活することになる。

名札がない個体（異邦人）には、相変わらず排斥感性が発せられる。

第２類型（サルや狼の群れ）は、各個体の属性（特徴）を記憶することでソフト（同調・排斥）をコントロール、対外的にはなわばりを主張、対内的には序列をつくりあげる。

## ⑷　第２類型の記憶する脳

第１類型の群れの個体の脳（環境地図）には、同種のアバウトな属性（特徴）が先天的に格納されており、群れソフトは、目の前の対象体（魚）と、この属性との突き合わせによって同調の感性を発している。

単独（個体）でなわばりをつくる種にも、同種かどうかを確認するための先天的（遺伝的）な属性域があり、この属性との突き合わせによって同種（ライバル）かどうかを判断し排斥感性を発することになる。

しかし、番いで子育てをする種は、安易に、遺伝子が用意した十把一絡げの属性に頼るわけにはいかない。

番い子育てには、同種の中から、配偶者や子を特定しなければならず、誰と親子になるかは、そもそも、先天的に決まっていないのである。

そこで親子関係を特定（固定）するには、同種というアバウトな属性ではなく、個体の微妙な個性（声、臭い等の特徴）を記憶（刷り込み）し識別しなければならず、そのためには、なわばりと同様に、記憶細胞（メモリー）を持った脳が不可欠になる。

からくり時計のような昆虫の脳（環境地図）に、記憶能力（メモリー）は必要ない。昆虫の同種の識別は、全て遺伝子に刻まれた属性（形・模様や臭い）に頼っている。ところが、魚には、かろうじて記憶細胞（メモリー）があるため餌付けができる。

＊サケ・マスは、この記憶細胞によって母川に回帰している。

彼らは、個体毎の属性記憶などはもちろんできないし、それをしても何の意味がない。しかし、番いで子育てをするペンギンやフラミンゴは、遺伝子が刻む簡単な属性では足りず、互いの微妙な属性を記憶（刷り込み）する必要がある。

＊大集団（コロニー）で繁殖する種は、なおさらで、自分の巣が、どの辺にあるのかも、記憶出来なければならない。

彼らは、その脳（環境地図）に記憶細胞（メモリー）でつくられた空白の属性域をつくり、この域に属性等をポラロイドカメラのように焼き付け、番い繁殖をしている。

属性の空白域には、淘汰情報（属性）を凝縮した下絵（認証システム）が用意されている。

＊我々は、この認証システムによって、何万人の中から直ちに誰々と見分けることが出来る。

個体識別のための専用のシステムであり、判別に必要な情報（属性）が効率よく納められ、指紋分析のように、同じような顔であっても、しっかりと個人を特定してくれる。

この驚異的な鳥類の識別能力（刷り込み）は、群れをつくり排斥感性を発するために不可欠で、狼類は、この認証システムを、臭覚等を主につくりあげている。

ヒトの幼児は、このシステムによって個人を識別し、人見知り（異なる属性の排斥）を始める。

この能力が、群れをつくり、かつ、なわばりを持つ種（第2類型）の証となる。
＊個人に名前がつくのはごく最近（役割分担の時代）であり、まだ定着していない。
記憶は、新たに獲得した能力から順に消えていくため、顔は分かるが名前がなかなか出ないという現象が起こってくる。


なわばり・序列は力関係によって変動する。

変動するなわばりや序列に対応するため、一枚のポラロイド写真では足りず、第2類型の群れは、更新のために予備のフィルム（記憶細胞・メモリー）が大量に必要になってくる。
＊群れをつくり序列があるカラスは、鳥類として例外的に《刷り込み》の更新があるために脳（属性域・メモリー）が増え、序列以外の情報を記憶、《伝統》を持つようになる。
メモリーは、メガからギガ、さらにテラへと増大していく。

この拡大した属性空白域は、やがて、専用のフィルム（属性）から汎用のフィルムとなって、様々な情報を記憶、なわばり以外の行動に利用されるようになる。

卵を産みっぱなしの種に、親子間の情報伝達はないが、子供を育てる種は、育児期間を通じて様々な情報が伝達され、脳が肥大化していく。

## (5) 序列

同種を敵（ライバル）とする排斥のソフトと、同種を仲間とする群れのソフトは相いれない。反発が同調を上回っては群れは分裂し、そのメリット（情報共有等）も失うことになる。しかし、餌が限られてくると、群れは個体数を減らし、餌の奪い合いが始まり、排斥ソフトが凝縮進化し、なわばり・序列をつくりあげる。

群れ（第2類型）は、個体や群れの属性（特徴）を記憶して、異なる属性の群れには《なわばり》をつくって反発し、群れの中では《序列》をつくって自己主張（エゴ）を満足させ、群れの分裂・崩壊を防いでいる。

群れのメリットと排斥のメリットを両立させるための苦肉の策である。

序列は、仲間との遊び・喧嘩・親との関係を通して記憶された属性によって決められる。高い序列（順位）ほど、優先的に餌や異性を得て子孫を残すことができる。

序列を確保するために、第1類型伝統のトカゲの尻尾切り（犠牲のシステム）が利用され、イジメの対象になっていく。

第2類型の群れは、外敵（外患）に対しては同調・団結するが、外患がなくなれば、序列争い（内憂）を始める。

序列がない第2類型はありえず、我々人類は、様々な属性（知力、体力、技能、財力、血縁関係）によって序列を競い、芸術文化（オリンピック、囲碁・将棋・オセロ、バレエ・映画・蒐集等）を生みだしている。

第2類型は付和雷同の第1類型と異なり、高い序列がリーダーとなって群れを率いていく。リーダーが決まらなければ、群れは進む方向が分からず機能不全になってしまう。

このため、何が何でもリーダーを選ぶ必要があり、室町時代では、優劣がつかないため、籤引きで決められた将軍までいた。

《序列のための序列》だが、とりあえず、群れがまとまるなら、内紛がある無秩序な群れよりはましで、あとは、保守感性が守っていく。

### ⑹ 序列の保守感性

排斥のソフトは、餌や繁殖相手を得るために自己主張する《エゴのソフト》である。

単独行動をとる種の序列・なわばり争いは、一度で決まれば、それ以上は無駄な（エネルギーや危険が伴う）争いとなるため、負けた方は早々に退散する。

しかし、群れの中では、争いに負けても簡単に退散する（群れを出る）わけにはいかない。群れに留まるほうが個で生きるよりメリットがあり、捲土重来もないわけではない。

この不穏な個体を抱える第2類型は、下剋上（成り上がり、順位の交代）があって不安定なため、既につくられた序列を安定させる機能（脳、感性、行動）がうまれる。

脳は、既につくられた序列（や個体の属性）をしっかり記憶し、ソフトはその記憶に従って、なわばり確認（マーキング）と同様に、マウンティングや毛づくろい等で、序列を余念なくチェック（再確認）するが、上昇志向（エゴ）が強い個体は、隙あればと上位を窺っている。

この不安定な状況を緩和するため、既につくられた序列を安定させようとする保守（慣性）の感性が凝縮進化する。

この感性は、小さな実力差（団栗の背比べ）を強調（デフォルメ）し、下位の個体はより小さく弱く、上位の個体はより大きく強そうに見せて彼我の実力差を拡大させ、上昇志向を抑制し、序列の維持・安定を図っている。

上位の個体は、この感性によって、下位の個体に対して優越感を持ち、自信・威厳を持って接し、下位の個体は、上位に対して威圧感・緊張感・劣等感を持って接するようになる。

このデフォルメによって、同じ子供が、王子となれば威光（オーラ）がかかってますます立派に見え、乞食になればくすんでみすぼらしく見えるようになる。

保守の感性は、封建的な身分社会を支えていく。

＊普通の蜜蜂の幼虫（雌）が、ローヤルゼリーによって寿命が延び卵を産み続ける女王蜂になるように、群れのリーダーは、この一目置いて見られる感性（権力のローヤルゼリー）によって、強い自信、活力、精力等が与えられる。

## ⑺ 第2類型の群れ

餌（エネルギー）が限られてくると餌の取り合い（パン食い競争、椅子取りゲーム）が始まり、同種（ライバル）を排斥して餌を確保しようとするなわばりソフトが凝縮進化する。

このソフトは、同種間の骨肉の戦いを促し、適正な個体数の維持に寄与している。

なわばりソフト（彫刻の表面）の感性（排斥指令）は、当然だが、餌が少なくなるほど、すなわち個体が過密になるほど活性化する。

＊この感性（本能）を考えると、今日の人口爆発する地球環境は、実に問題である。

＊自由・平等を唱えても、それは資源豊かな豊饒の海、新天地だけで通用する思想（アメリカンドリーム）であり、現在の環境は、有限の地で争ってきた中国の思想（人権の抑制が必要）に近づいていることを、為政者は自覚しなければならない。

なわばりソフト（彫刻の表面）は同種の異なる属性に自動的に反応して戦争を起こし、序列、差別やイジメをつくりだす。

戦争、差別、イジメは、金太郎飴の群れ帰属意識から見れば内部崩壊を招く悪だが、生き残りを旨とするなわばり意識から見れば立派な善（トカゲの尻尾切り）なのである。

第2類型の群れは、この相反するソフト（彫刻の表面）によってつくられており、その延長に我々人類の群れがある。

憧れの群れ（会社）に就職した（群れに加わるのを認めてもらった）新入り（新規採用の若者）は、同調する群れ（企業）の一員となったが、第二関門が待っている。

他の群れ（同業他社）とのなわばり競争に参加し、さらに、会社では、ライバル（先輩、同期、さらに後輩たち）と熾烈な出世競争を始めなければならない。

新入りが入った群れには、属性（何とか閥や営業成績等）に基づき序列がつくられている。

しかし、いつまでも下位の序列（配属・役割）に甘んじてはいられない。

序列は不変ではない。序列には世代交代等の変動がある。

新入りは、様々な情報を記憶、実力を蓄え上位の序列を目指すことになる。


チンパンジーの若者は考える。

近頃のボスは、年のせいか、だいぶ体力、気力とも落ちてきているようだ。

次のボス候補（サブリーダー）は、しきりに俺に仲間になれと秋波を送ってきている。

この辺が立場を明らかにする潮時か……。

しかしボスはまだ雌たちの支持は得ているようだ。

どちらにつくべきか。

先行きを考えて行動しなければならない。

生きるべきか、死ぬべきかではないが、チンパンジーの悩みはつきない。


同調一点張りの第１類型の群れの脳は、このような悩みとは無縁である。

ただ、刻々と変わる群れの動きを分析し、同調のソフトに伝えるだけである。

しかし、第２類型の群れの脳は、各個体の様々な属性を記憶し、その中で二つの相反する感性を調整し、これかあれかこれかの選択を迫られる。

《忠ならんと欲すれば孝ならず》である。

中途半端な脳では問題を解決することはできない。

属性の空白域（メモリー）を増設した第2類型の脳は、世渡り（二つの感性の調整）のために様々なデータを駆使したシミュレーション（権謀術数・外交・駆け引き）を始める。

外交は、高等な数学よりも難しい。

なわばり・序列がある第2類型の群れは、常に発情期で抗争しているようなものである。

鹿やオットセイは発情期を過ぎれば、序列の属性（記憶）はサッパリと無くなるが、序列を引きずる群れではそうはいかない。

第2類型の脳は、各個体のデータ（属性）を詰め込み悩む（シミュレーションする）のが仕事となり、プックリと肥っていく。

第2類型は、《序列を上げてナンボ！》の群れである。

獲物は序列（順位）に従って分けられるのであり、食べ終わってから序列が決められるようなことはない。

清洲会議ではないが、第2類型の脳は第1類型の脳と異なり、如何にうまく立ち回るかを考えて半日を過ごすことになる。

## (8) 様々な第2類型の群れ

生命の系統樹をみると爬虫類の後に哺乳類がうまれ、あたかも哺乳類は爬虫類よりも進化した存在のようである。

果たしてそうなのか。

よく検討してみると、この考えは、我々人類（哺乳類）の思い上がりのようだ。

大隕石衝突（６５００万年前）までの数億年は、恐竜（爬虫類）全盛の時代だったが、その間、哺乳類がいなかったわけではない。

哺乳類は、恐竜の陰に隠れて同じ時代を生きていた。

もし、哺乳類が爬虫類よりも優れているなら、とっくに恐竜に取って代わっていたはずだが、哺乳類（祖先）は、恐竜の目を避け、夜にコソコソとゴキブリのように動き回るだけで、白昼堂々と大手？を振っていたのは恐竜だった。

なぜ数億年もの間、恐竜の政権に甘んじていたのか。

どうやら、今日喧伝されている変温動物、恒温動物や、卵生、胎生、乳を飲ませるなどという違いは、ほとんど問題にならなかったようである。

当時の哺乳類は、短命・小型だったのに対し、恐竜は長命・大型だった。

恐竜の子孫である鳥類は急速に成長する。

大型種（ヒクイドリ、ダチョウ等）は、様々な餌を効率よく吸収し1～2年で成鳥になるが、恐竜は、これに止まらず、そのまま成長を続け信じられないほど巨大な体になり、その草食恐竜を襲う肉食恐竜も大型化したため、祖先は、全く太刀打ちできなかった。

体力も、心肺機能が格段に優れた恐竜と哺乳類とでは、圧倒的にパワーが違った。

トラやライオンなどの最強の肉食哺乳類もティラノの前では赤子にすぎない。

戦車もミサイルもない時代、巨大な恐竜に対抗しようもなく、祖先は億千万年、爬虫類の川下に甘んじざるを得なかった。

しかし、その日陰の生活（行動系）が、大隕石の災禍から身を守ることになった。


長命・巨大化した恐竜の天下（戦略）は、大隕石の一発でひっくり返る。

大地を闊歩していた彼らは、地殻をも引き裂く高熱衝撃波をまともに食らってしまった。

たまたま運よく生き延びても、後が続かない。

隕石が巻き上げた塵は、大気圏に留まって太陽光を遮断し、気温を急激に低下させ、その酷寒の夜の中で、独立栄養生命（植物）は枯死する。

変温動物である恐竜は、寒くて身動きが取れないうえに餌もなく凍死するしかなかった。

しかし、ご先祖様は、日陰の身だったことが幸いした。

夜行性で巣穴を掘って暮らしていたため、隕石の直撃を逃れることができた。

さらに、寒くても動ける恒温性だったため、極寒にもかかわらずなんとか活動できた。
＊断食・冬眠が得意なワニやカメ、羽毛を持った鳥も生き残った。
生の植物は手に入れられなかったが、幸いなことに目の前に冷凍状態の巨大な恐竜の死骸（肉）があり、塵が収まるまで食いつなぐことが出来た。

驕れる巨大な恐竜は大隕石によって滅び、小さな鳥類と祖先（哺乳類・ノア）が生き残った。

数年して空が晴れると、表の状況は一変していた。地上は灰に覆われ、あれほど怖れていた恐竜は姿を消していた。やがて植物が再び芽を出し、ご先祖は恐竜に代わって地球のあらゆる領域に進出していく。緑あふれる樹上に進出した哺乳類はサル類となり、地上をえらんだ哺乳類は狼類になり、それぞれ生活環境に応じ独自のソフトをつくり上げる。

多くのサル類の棲む熱帯の森（樹上）は、自然界で最も複雑・錯綜した環境である。この環境に適応するために、視覚（色彩、空間把握）が発達する。枝から枝へ素早く移動するには、強い腕や指、バランスをとる尻尾とともに、環境地図の空白部分（枝が腐っておらず体重を支えられるか、滑らないか、適当な距離か、隠れた枝は安全か等）を瞬時に補う（判断する）情報処理機能（推理・洞察力）が凝縮進化する。

一方で、地上を走る狼類は、地面を力強く蹴るためのこぢんまりとした肉球、追跡を支える強靭な心臓や四肢、さらに見通しの悪い環境を補う臭覚や聴覚を進化させる。臭いや音は、遮蔽物があっても外敵や獲物を知らせ、臭いは何時間、時には何日前に通ったかを時系列で教えてくれるとともに、なわばりの主張（マーキング等）にも利用される。

また、鯨類は、長い指や肉球のかわりに、水の抵抗に対応したスマートな体型や力強い尾びれを凝縮進化させ、さらに、広大な海で群れ行動や餌をとるために様々な鳴き声、聴覚（音波）を発達させる。

目印のない広い海洋では、なわばりは出来ず、繁殖時の序列争いだけが残った。

記憶細胞を増やした脳は、記憶（経験）を採り入れた行動（大回遊）を始める。


序列のない群れ（第1類型）は、付和雷同の烏合の衆だが、第2類型の群れは、序列によりリーダー（第一位の個体）が選ばれ、群れを指揮・先導するようになる。

これは、序列に応じた役割分担の始まりとも言える。

なわばりソフト（排斥感性）は、餌が少なくなれば、当然、活性化する。

共倒れは最悪であり、何としても避けなければならない。

猛禽類は、二つの卵を産むが、後からふ化した雛は、予備的存在になる。

餌が豊富なら二羽とも育てられるが、来年の保証はなく、一羽も育たないこともある。

餌が不足すれば、二羽は餌をめぐって争うライバルになる。

猛禽類の子育ては、厭世的、先憂後楽型だが、この子育てがあったからこそ、種が存続してきたのである。

一方、食物連鎖の下層種は、何も考えず、増える時は増え、減る時は減るだけである。

生き残りの戦略であり、どちらがいいなどとは言えない。

ソフト（彫刻の表面）は一度つくられると、逆戻りはできない。

排斥感性が強い方が子孫を残していく。

排斥のソフト（行動系）は、構造系の凝縮進化を促す。

属性（なわばりや相手）を記憶するために、脳（環境地図）が肥大化して情報伝達種が生まれ、序列により、巨大な体や角、優美な鳥の羽等が凝縮進化する。

大量の情報（群れ、属性、序列、環境対応）を処理するために肥大化した第2類型の脳は、暇になると、その推理能力をもてあまし、環境地図の空白域を埋め込む《好奇心探索行動》を始める。

## 3　役割分担ソフト（第3類型）

生命進化は細胞の役割分担（多細胞化）から始まり、蟻やシロアリ、蜂は、役割分担によって繁栄しており、産業革命も役割分担（マニュファクチュア）から始まった。

役割を固定すれば熟練・専門化が進み、時間や労力も節約できる。

### (1) 隕石落下以前

6500万年前、祖先（小型哺乳類）は、プレーリードッグやナキウサギの群れのように、視覚（見よう見まね）だけではなく、聴覚や臭覚（鳴き声、臭い付け）も利用して情報を伝達していた。

群れには、様々な意味の鳴き声があり、鷲を意味する声が発せられれば、頭上を警戒し、蛇を意味する声なら地上を警戒、肉食恐竜だ！という声なら、なにはともあれ穴に潜り込んでいた。

巨大隕石衝突前、祖先の群れは、すでに、これらの、敵、危険、鷲、蛇、肉食恐竜、安全等の鳴き声をある程度パターン化し、伝達（共有）していた。

## ⑵ 樹上生活（サルから類人猿）

群れは、小型、恒温、雑食、夜行性、穴倉暮らしのソフト（構造系、行動系）により、運よく巨大隕石衝突の災禍（熱衝撃や餌不足、極寒の冬）を免れる。

成層圏まで舞い上がった塵が収まると、再び陽が差して気温も上昇、花や大きな果実をつくる被子植物が繁茂を始め、生き残った種（哺乳類・鳥類等）は、かつて恐竜が占めていた様々な環境（ニッチ）に進出していく。

鳥類は、保温のためのフワフワした羽毛に硬い軸を入れて翼をつくり、空に進出したが、サル類は、危険な地上を避けて森を選んだ。

サル類は樹上で、熟した果実や新芽を見分ける眼や、枝や幹・昆虫等を器用につかむ手（指）、バランスをとり落下防止のための尾、そして、安全な枝か、跳べる距離か等を瞬時に判断（シミュレーション）する脳（環境地図）を凝縮進化させ、環境に応じて、多産・小型種から少産・大型種まで多種に分化した。

大型化すれば寿命も長くなり、様々な情報（経験）を蓄積するようになる。

体が大きくなり重くなった祖先は、樹上の餌（若葉や果実、昆虫）だけでは足りなくなって、チンパンジーやゴリラのように地上でも餌（草本植物や小動物等）を探すようになり、落下防止（バランス）のための尾を退化させていった。

一方、オランウータンは、脳や体を大きくしながら危険な樹上に留まり、なおかつ、バランスに必要な尾を退化させた。

その理由は、オランウータンの環境（餌）にある。

オランウータンの餌（葉や果実等）は樹冠に豊富にあり、危険な地上に降りなくても、柔らかな関節、長い腕でぶら下がりながら、ゆっくりと移動しても手に入り、慌てて尾でバランスをとる必要がなかったからである。

様々な情報が、好奇心旺盛な成長期に《見よう見まね》や《鳴き声》によって伝えられていく。

## ⑶　サバンナへの適応（役割分担ソフトの凝縮進化）

祖先が暮らしていたアフリカの豊かな密林は、１０００万年前頃から地殻変動（大地溝帯の形成）により乾燥化し、次第に樹木がまばらな広大な草原（サバンナ）に変わっていった。

祖先（猿人）は、力の強いゴリラやチンパンジーの祖先との競合を避け、森の周辺部、さらにサバンナへと出ていった。

サバンナは見通しはいいが森と較べると餌（芽や果実）が少なく、一カ所に留まっていては、あっという間に周辺のものを食べ尽くしてしまう。

祖先は、餌を求めて一日中歩き回るようになり、好奇心も手伝って様々なものが餌になるか試され、雑食がさらに進んだ。

祖先は、サバンナで、群れ行動（役割分担）を強化し、狩りを始める。

肉という《餌付け》が、祖先を変えていく。


一方、密林に残ったチンパンジーは、相変わらず、なわばりや序列にご執心で、協力などとは縁のない生活をしている。

彼らは、暇さえあれば様々な鳴き声を発し、枝をゆすり、石を投げる等の行動でライバルと張り合い、上位にはへつらい、下位を脅し、ときには共闘するといった権謀術数を駆使し、格付け行動に明け暮れる。

チンパンジーの森にはこれといった外敵（大型肉食獣）もいず、また、いざとなれば樹上に逃げられるため、協力して身を守らなくてもやっていけた。

彼らにとっての敵は、餌や雌を横取りするライバルとなり、彼らの群れは、自己主張して序列を上げなければ、子孫を残すことも出来ない《序列を上げてナンボ！》の群れになっている。

しかし、サバンナで、身勝手な行動をしていては肉食獣につけ込まれ、命取り（格好の獲物）になってしまう。

サバンナでは、互いに助け合わなければ生き残っていけない。

①協力のメリット
サバンナで単独で生きていくのは、象やライオンでも難しい。

もし怪我や病気になれば、即、死に直結してしまう。

しかし、ガゼルは、群れをつくり、見張りを立てて警戒、悠々と草を食んでいる。

彼らは、ネットワーク（情報の共有）と俊敏な運動能力によって身を守っている。

ヒヒはサル類だが、このネットワークと敏捷さでサバンナに生きている。

しかし、祖先の運動能力は、彼らにはるかに及ばない。

なぜ、祖先（猿人）は、サバンナに残る決断をしたのか。

よくよく探せば、サバンナには水分を含む食べ物があり、そして、何よりも、目の前には、密林と違い何百万頭ものヌーやシマウマ・ガゼル等が群れていた。

何百万頭もいれば、必ず落ちこぼれが出る。

藪や岩陰には、肉食獣の食べ残しや、怪我や病気で動けない個体、生まれたばかりの子供がおり、森ではめったに得られない御馳走（肉）となった。

この御馳走（餌付け）が、祖先をサバンナに留まらせた。

祖先は、肉を求めて行動するようになるが、これといった攻撃能力も無く、二足歩行がやっとでは、チーターや豹、ライオンやリカオンのような狩りはできない。

そもそも祖先は、これらの能力がないために樹上（森）に逃れたのである。

足の遅い祖先は、一人？では、防衛も攻撃も全くおぼつかない。

斥候を立て、石や槍を持って女、子供、年寄りを守りながら移動していた祖先は、この体制を狩りにも応用する。

序列や力がある、足が速い等で役割を分担し、獲物を追い込み、石や槍で仕留める狩りであり、集団で行うと必死で走らなくてもなんとか獲れた。

イルカや鯨・ペリカン等も、単独ではなく、群れ（簡単な役割分担・同調）で効率的に、オキアミや魚を追い込んでいる。

長く重い柱を一人で立てるのは大変だが、何人かで協力すれば楽に立てることが出来、時間も労力もはるかに軽減される。

協力行動（役割分担）は、単独行動とは比べようがない大きな成果をもたらしてくれる。

②協力を阻む排斥ソフト

しかし、役割分担は、簡単に実行できるわけではない。

我々には既に役割分担ソフトが備わっているため簡単に思えるが、これを、ゴリラやチンパンジー、オランウータンにやらせるのは容易ではない。

彼らは、餌付けすれば、表面上は我々と同じような行動（役割分担）をすることができるが、単なる記憶によるもので、役割分担の意味（効用）を理解してやるわけではない。

我々は、役割分担は、考えれば当たり前と思うが、脳は、手足と同じ単なるツール（道具）にすぎず、ソフトの指令で情報を分析するが、自ら行動命令（感性）を発することはない。

＊脳が発する感性は、唯一、好奇心だけである。

群れが同調の感性（プラス・マイナス）によってつくられ、なわばりや序列が排斥の感性によってつくられるように、個体のバラバラな行動を抑え、目的のために労力を提供（融通）させるには、脳とは別に役割を分担すると嬉しくなる専用の感性（ソフト・彫刻の表面）が必要になる。

蜂、蟻、シロアリも、役割分担のメリットを理解していないのは明らかで、彼らは遺伝子に刻まれたソフト（彫刻の表面）に従っているだけである。

**チンパンジーの環境**

チンパンジーの群れでは、他者のために自分の労力を提供する行動（相互協力等）はめったに見られない。

チンパンジーには、我々には当たり前の《～をとって、～を押さえて》という簡単な協力さえなく、この群れで、あえて、サービスするのは、自分の子や番いの相手、上位の序列（毛づくろい）だけである。

その理由は、彼らの豊かな環境にある。

森（樹上）は安全なため、あえて自分のエネルギー（労力）を防衛（他者のため）に使う必要もなく、チンパンジーの群れは、餌や繁殖相手を得るために《序列をあげてナンボ！》の群れとなっている。

この群れで相手にサービスするのは、自分の序列を下げる《おべっか行動》となり、できれば避けたい行動であり、これが発展して役割分担に進むことなどは考えられない。

チンパンジーも、時折、狩りをするが、攻撃力と敏捷性があるため、敢えて役割分担をしなくても成功し、獲物（小さなサルの肉）は独占され、分配されることは、ほとんどない。
＊サービス（利他的）行動が成立するには、《見返り》がなければならない。
狩りに協力しても、無視されて分配（見返り・肉）がなければ、かえって、エネルギーを浪費し序列を下げる行動となるため、協力（労力の提供）する狩りは全く期待できない。


しかし、役割を分担すれば、どんなに楽に物事が進むことか……。

個体では不可能なものが、協力すれば可能になってくる。

祖先は、サバンナの厳しい環境で、このメリットに気付かされたが、チンパンジーにとっては忌み嫌う序列を下げるような行動だった。

祖先がチンパンジー達と分かれた頃、脳の容量に差はなかったが、ボノボのように相手の意向を考える感性を持っていた。

役割分担がなければ、言語の発達や、これにともなう情報の蓄積もなく、《蟻釣り》レベルの《見よう見まね》の伝統（情報伝達）が精一杯である。

彼らは、新たな技術、エネルギー、ましてや、文化・文明とも永遠に無縁である。

チンパンジーの群れでは敬遠される《サービス精神》を持った個体が、祖先の群れでは重宝がられ（大切にされ）数を増やしていった。

③役割分担ソフトの凝縮進化と見返り

サバンナでは、皆で協力しなければ生き残れない。

非力な女・子供に危険な狩りは任せられず、家事や採集等を任される。

狩りに参加できるのは、成熟した雄であり、そこで役割を与えられることが、正式に群れの一員（信頼される大人）になった証となる。

狩りの成功は、運と役割分担の出来にかかっている。

役割によっては、群れの運命を左右するかもしれず、役割が決められても、これが簡単に放棄されるようでは、どうにもならない。

狼の狩りの役割は成り行き任せで、失敗しても咎められることはないが、祖先の狩りでは、少しずつ役割に責任が伴ってくる。

捕まえた獲物（肉の塊）は、果実等と異なり、その場では食べられない。

獲物は皆で担いで持ち帰り、歓喜の中、鋭利な石器で解体され、群れの皆に分配された。

獲物が独占されない理由は、獲物（肉）の量と質にある。

獲物が小さければ独占も可能だが、分厚い毛皮等で覆われた肉等は、石器（スクレイパー）等で切り裂いて食べる必要があり、また大量の肉は個人では食べきれず腐ってしまうため、群れ全員に分配して無駄なく食べたほうがいい。

独占欲の強い熊も、餌（サケ）が豊富なら、余計な争いはしない。

ソフトの凝縮進化は、餌の種類と量に応じて起こる。

祖先が《分配》を始めたのは、この独占不能な大きな獲物（量と質）が一因となっている。

分配行動は、サバンナ以前にもあったと思われるが、狩りを始めると、獲物が小さく少なくても全員で分け合うようになった。

チンパンジーの奪う《独占》は、大きな獲物（肉）によって、祖先の役割分担の《見返り（分配）》に変わっていった。

狩りには皆の協力（役割分担のモチベーション）が必要で、もし、分配（見返り）がなければ、チンパンジーと同様に次の狩りでの協力は期待できない。

祖先は、これを、群れ全体で成果を受け止める《全員野球の思想、平等な分配》で乗り切ってきた。

狩りに貢献した若者は、多めに肉（見返り）を貰い、序列を上げ、群れのヒーローとなり、結婚して子孫を残し、長じて有能なリーダーになっていった。

彼はチンパンジーのような示威行動（喧嘩やイジメ）をしなくても、実績（役割）を認められてスマートに序列を上げることができた。

役割分担は、大きな成果とともに、群れへの帰属を高め、序列ソフトを満足させ、第2類型のとげとげしい自己主張を緩和した。

これを見ていた子供達は、進んで役割（困難）を求めるようになる。役割を持ち、群れに不可欠な存在になれば、一目置かれ、序列も見返りも保障されるのである。

祖先の群れは、チンパンジーの《序列をあげてナンボ！》の群れから、《役割を持ってナンボ！》の群れとなる。

自己主張ばかり強く役割分担（協力）ができないヤボな個体は、徐々に敬遠されていく。狩猟採集生活はギリギリで、役割なしの居候など養う余裕はない。

いくら体力があっても、足の遅いサル一頭では、サバンナを生きられない。群れに貢献して認められようとする個体が増え、これが一定数を超えると、役割分担ソフトは、急速に凝縮進化（沸騰）していく。

役割分担の競争（同調と序列争い）が始まり、危険な役割を尻込みせず、進んで引き受けようとする感性（自己犠牲）まで生まれてくる。

子育て（役割分担）に無頓着で、気遣いのない個体は敬遠され、気のきく個体が配偶者に選ばれて、ますます役割分担のソフトを持った個体が増えていく。

④役割分担のソフトの憶測（確認）の感性

我々のソフト（彫刻の表面）は、属性に従って同調、排斥する。

《隣の芝生》が気になるのは、ソフト（同調、排斥）が属性確認の感性（指令）を発し、脳に属性の分析を促しているからである。

同調するにも、排斥するにも、相手の属性（仲間か敵かライバルか）が分からなければ、ソフトは反応（起動）できない。

役割分担ソフトも同じで、役割が分からなくては、何をしてよいかわからず、手持ちぶさたな時間を過ごさなければならない。

このため、役割分担ソフトは、脳（ツール）に確認の感性（指令）を発し、相手の意向（何をしてほしいか・役割）を分析させようとする。

しかし、目に見えるものの確認なら簡単だが、目に見えない心（役割）の確認（分析）は簡単ではない。


狼やイルカは、同調・経験から、大まかな役割分担がある狩りをする。

しかし、人類の狩りは、同じ同調でも、個体毎に異なる同調（役割分担）であり、このような同調は、いくら経験を積んでも難しく、アリや蜜蜂のフェロモン、ダンス等に当たる役割を指示・伝達する情報媒体が不可欠になる。

サバンナに出た頃、祖先の情報媒体（言語）は未発達（アー、ウー）だった。

この段階の役割分担は大雑把で、脳は、これまでの経験から相手の意向（何をしてほしいか）を憶測するしかなかった。

しかし、この憶測には、問題（落とし穴）があった。

＊バッタが跳ねて逃げるのは、バッタの危機管理ソフトが、バッタの脳（環境地図）が提供する情報（近づく影）に反応したためだが、バッタの脳は、その影が、外敵かどうかなどと判断しているわけではない。

バッタの脳は、《動くもの》なら、たとえ木の葉が落ちてきても報告し、ソフトも、恐怖心などで跳ねているわけではない（バッタに危険という高度な判断はない）。

赤ん坊も、うまれたばかりは、何を食べられるか分からないため（指定できず）、とりあえず、あらゆるものを口に入れていく。

バッタと赤ん坊の違いは、赤ん坊の脳が情報を蓄積し、食べ物かどうかを判断（学習）するようになることだけである。

そして、役割分担ソフトも単なる「彫刻の表面」のため、役割（命令）に反応するが、その対象（命令者）を人間に限定する能力などはない。

ソフトは、大雑把に属性確認の指令を出すだけで、《誰のために、何を分担するか》というような論理的思考はない。

ソフトは確認の対象を指定せず、その属性（意向）を探れという無茶な指令を出すだけである。

このため、脳は、何でも口に入れる赤ん坊のように、とりあえず、あらゆるもの（森羅万象）の意向（役割の要請）を確認（憶測）していくことになる。

これで支障がないのは、赤ん坊が、何が食べ物か分かってくるように、我々も、木石等には心がないことが分かり、《動き、変化するもの》の意向だけを憶測するようになるためである。

＊赤ん坊の人見知りは、母親の属性の記憶から始まるが、この脳の記憶は、物事の本質や未来を予測する知性・好奇心につながっていく。

ソフトは、役割に反応するが、誰が望む役割か指定されないため、脳は、赤ん坊が何でも口に入れるように、とりあえず、役割を望みそうなものは、全て、その意向を憶測していく。

＊宗教の始まり

その過程の中で、役割を必要としそうもないもの（石ころ等）は、徐々に除かれ、動き変化するものが憶測の対象になっていく。

科学的知識がなかった祖先には、《蛾やカマキリ》の精妙な擬態は、まるで彼らに知恵があるように見え、のんびりと漂う雲は、ゆったりとくつろいでいるように見えてくる。

そこから、太陽や北風、アリやセミ、キツネが話すイソップ物語のような寓話がうまれ、鷲・狼が先祖となり、月や太陽、四季の変化は、神々が行っているとされてくる。

＊最近まで、地震や旱魃等の災害は、政治が悪いから天（神様）が怒ったためと、まことしやかに言われていた（ナマズ説もあるが）。

脳の役割確認（憶測）から、病気や事故、雷や洪水・干ばつは、神々の罰や怒りとする擬人化（神話・宗教）が生まれてきた。

全くの《的外れ》だが、祖先は、これらの災難を、ヒトのように機嫌をとって逃れようと、畏れ敬い、貢物（贈り物）を捧げ、さらに加護（安全や収獲）を祈るようになった。

しかし、蚕が吐き出す糸（繭）は実際に存在するため蛹を守ってくれるが、憶測から生まれた神々に、現実のご利益などあるはずもない。

祖先はなんとか、神の意思を知ろうと、情報を記憶し、様々な方法（呪術、占い等）を考え、お告げ（神託）に従って狩りや移動、戦いをするようになる。

シャーマニズム（原始宗教）の始まりであり、様々な神がつくられ、群れの規範（伝統・価値観）となっていった。

火の利用で人口を増やした祖先は、この自らつくりだ（憶測）した神々に頼り、地球規模の拡散（グレート・ジャーニー）を始める。

役割分担しないチンパンジーは、相手の意向には無関心のため《神》など憶測しないが、人類というサルは、自らつくりだした神々に従っていく。

南米南端到達で拡散が終わり、定住化（農業）が始まると、神々は特定の場所（祠や神社・神殿等）で祀られるようになる。

神の意志をなんとか知ろうと文字をつくり天体や四季の変化を記録していたシャーマン（神官）は、やがて、天体の動き（法則性）に気づき、暦をつくり、神に代わって季節毎の行事（農耕の始まりや祭り等）を命令するようになる。

神官が群れの王を兼ねる体制（神権政治）である。

神々は、様々な環境（地形や気候等）に応じてつくられる。

シャーマニズムからヒンドゥー教のような多神教、ユダヤ・キリスト・イスラム教のような一神教、そして、悟りを目指す仏教、不老不死・現世利益を説く宗教等がつくられ、人類は、その教理（属性）に基づき群れをつくり生活するようになる。


我々は、役割がなければ、《序列をあげてナンボ！》の群れや付和雷同する《烏合の衆》のポピュリズムに堕ちてしまう。

役割を分担する群れには、役割を決めるリーダーと、これを受け入れさせる序列が不可欠のため、我々は、《序列のための序列》でも受け入れてしまう。

無能なリーダーでも、いない（無政府状態の混乱）よりはましなのである。

しかし、権威（力）のないリーダーでは、難しい役割分担（命令）は実行されない。

大きな権威が必要で、それがあれば、我々は、リーダーが人間でなくても従う。

群れをまとめるため憶測・伝承されてきた神話（神）の権威が利用される。

絶対的な神ともなれば、喜んでひれ伏し従うことになる。

シャーマニズムや、リーダーを神の代弁者（王）とする体制がうまれてくる。

偉大な神と一体になった権威は、役割分担を満足させ、群れをまとめていった。

一人で信仰しては不安だが、仲間がいれば、同調の感性（安心）も働き、群れは拡大し、その憶測は確信になっていく。

ご利益がなければ疑われ、文句が出てもいいが、絶対神ともなれば、《神のみぞ知る》で、我々は、窺い知れない深い意味があるに違いないと考え、その姿を想像することさえ畏れ多いということで偶像も禁止になる。

もっともらしい理屈（戒律や儀式）や、天を衝く華麗な装飾の教会やモスクがつくられ、役割分担ソフトが旺盛な宗教オタクが、《待ってました！》とばかりに飛びつき、喧伝していく。

チンパンジーにとって戒律は煩わしいだけだが、信者には、未来（神の国、永遠の楽園・天国）を約束する大切な切符（役割）になる。

戒律を守れば、出自や貴賤に関係なく誰でも（平等に）天国が約束される。

大衆に受け入れられる戒律は、簡単すぎても難しすぎてもいけない。

簡単で、気分転換が出来るような、一日5回程度の礼拝（義務）がいい。

中には、現在の科学では認められないような教理（ジンクス等）もあるが、それを信じて疑わない（思い込む）ことが、深い信仰の証となるから怖ろしい。

信仰は、神に仕える尊い役割（生き甲斐、絆）を与えてくれる。

役割のない心の不安、虚無感を埋め、全てを神に委ねれば、災いさえも、大いなる神の御業（思し召し・試練）となり、弾圧の恐怖も薄れてしまう。

＊安心（信仰）は、コップにもう半分しか水がないと思う悲観論者を、まだ半分もあると思う楽観論者に変えてくれる。

《信じるものは救われる》のであり、宗教、特にメシア思想は苦難の中で広まっていく。

我々は、神（役割分担）のために、動物が考えもしない行動、すなわち、大切な餌（エネルギー・富）を捨て（喜捨し）、自分の体を痛め（苦行し）、はるか彼方へ巡礼の旅をし、時には死（殉教）さえも受け入れる。

＊聖地を巡礼すれば充実感とともに、世俗的には、箔が付く。

中世のヨーロッパでは、神の権威（教皇）が、王権（世俗）をも凌いでいた。

しかし、ルネッサンスが興り、イギリスで工業化（産業革命）が始まり啓蒙主義が普及していくと、非科学的な神の権威は揺らぎ始める。

かつて豊饒をもたらした神々は、薄暗い工場の片隅で生きられない。

神の権威は一時的に失墜する（神は死んだ！）。

⑤役割分担を支える感性

我々は、仲間と一緒なら安心で楽しく、仲間はずれになれば不安になり、ライバルを打ち負かせば快哉の叫びをあげてしまう。

我々は、役割を与えられ、群れに貢献するヒーローになりたい。

しかし、我々には、蜂・シロアリ・蟻と違い、生まれついての役割などなく、腹が減った、調子が悪い、可愛い子を見かけた等々の事情があるのに、なぜ、面倒で煩わしい役割まで引き受けようとするのか。

サバンナの祖先の群れは、呉越同舟、一蓮托生の運命共同体で、チンパンジーのような身勝手な行動をしていては命取りになってしまう。

群れは、個の主張（ハードやソフトのエゴ）を抑え、役割分担を促す新たなソフト（感性）を凝縮進化させる。

様々な誘惑（食と性、排斥等の個別行動）を振り切り、役割を果たすための強力なソフト（感性）である。

このソフトにより、ボスへの怖れは尊敬に、下位への差別や侮蔑は、いたわりやいつくしみに変わり、《序列をあげてナンボ！》の群れは、高邁な精神（献身・勇気・友情・忠誠心等）を持った《役割を持ってナンボ！》の群れになった。

ソフトは、役割分担を促すプラスの感性として、役割を持つことへの憧れや誇り、役割に専念するための責任・使命感、そして、役割を成し遂げたときの充実・達成感等を発し、さらに、マイナスの感性として、役割がないと群れの一員と見なされない不安・焦燥感・虚無感や、役割を失敗したときの後悔や喪失・背徳感等を発し、役割の実行を支える。

＊これらの感性によって、ルバング島の小野田少尉や、言われるままに役割（虐殺）を実行するアイヒマンがうまれてくる。

役割分担ソフトは、同調や排斥のソフトにはない《生き甲斐・絆》をつくり出し、我々を

《ヒトはパンのみにて……》にした。

しかし、一蓮托生の前提が崩れれば、排斥ソフト（エゴ）は抑制されず、元の黙阿弥（仲間はずれやイジメがあるチンパンジーの群れ）になってしまう。

《役割を持ってナンボ！》の群れで役割がないことは、《生き甲斐・絆》を奪うことになるが、思いやりのないチンパンジー（イジメる方）は、これが分からない。

閉鎖された群れ（学校等）では自殺が起こり、開かれた環境では、役割を与えない世間（異なる群れ）に攻撃（無差別殺人）が始まるのは、我々が《パンのみ……》で、役割分担ソフトで生き残ってきた種の証なのである。

餓死する人間と、自殺する人間、どちらが多いのか？

役割分担しなければ、二度の世界大戦やスターリン・毛沢東の粛清も起こらず、数千万人の命が助かったはずだが、我々は、役割分担せずにはいられない。

⑥役割分担ソフトが働く群れ

素性（属性）の知れない赤の他人に、大事な仕事（役割）は任せられない。

役割が与えられる（分担する）ことは、信頼され正式に群れの一員となった証であり、また、序列に応じた役割で、排斥感性も満たされていった。

役割は、群れと同調（一体化）し、序列も取り込み、第2類型の同調と排斥の対立を埋めることになった。

役割が《生き甲斐》になり、何をすべきかは、役割が教えてくれる。

黄門様の印籠は、《三葉葵を知らない》、《知っているが江戸時代にいない》、《江戸時代に生きている民・百姓》、《江戸時代の外様、譜代、直参旗本》等々により、その効果（受け取り方）は全く変わってしまう。

印籠を見せても、属する群れ（社会）が異なれば、その威光は伝わらない。

他国のリーダーが国民に何を言っても《対岸の火事》だが、会社の上司の言葉は、《降りかかる火の粉》であり無視するわけにはいかない。

役割分担ソフトも同じで、《かりそめの群れ》では本格起動しない。

《かりそめの群れ》では、《赤信号、皆で渡れば……》の同調のソフトが働くだけである。

しかし、家族等がいる（絆がある）《真の群れ》では、役割分担ソフトが本格起動し、ソフトの強い感性（シバリ）によって、本来の目的（金や地位、食欲や性欲そして最も大切な命）さえも投げ棄てられるまでになっている。

このシバリにより、これまで、どれだけの命が捧げられてきたことか。

真の役割（存在意義）を欲し、ソフトの目的（美食や美女）は達成されているのに、釈迦のように自分探しの旅（苦行）を始めるほどである。

役割（信仰）を全うすれば、神（永遠の楽園・安らぎ）が待っている。

ヒトは、真の役割（存在意義・生き甲斐）が得られるなら、荊軻（始皇帝暗殺者）のように喜んで死に赴く。役割分担ソフト（彫刻の表面）の怖ろしさである。

億万長者は、序列意識や好奇心を満たせるが、それだけでは満足できない。

何がしかの群れに貢献する役割が必要で、彼らは寄付等により、心の満足を得ようとする。

たとえ医療が進歩し永遠の命が与えられても、我々は、この《生き甲斐》をもたらす感性（彫刻の表面）から逃れることはできない。

⑦情報を蓄積する群れの規模

卵を産みっぱなしの種は、群れをつくり同調するのがせいぜいだが、情報伝達種（鳥類や哺乳類）は、子育ての中で様々な情報を伝えている。

しかし、数週間〜数カ月で子離れ（独立）するようでは、巣立ち（飛ぶこと、泳ぐこと）への誘いなどが精一杯で、より複雑な伝統（採餌行動・鳴き声等）を伝えていくには、子育て期間が長く、情報を伝達・蓄積する一定の大きさ（個体数）の群れが必要になる。

餌が豊富なら大きな群れもつくれるが、餌が限られる肉食や雑食の群れでは、個体数も限られ、そこで情報を伝達・蓄積していくには様々な条件が必要になってくる。

マンモス等を追い込む狩りには、最低でも、大人の男5〜10人、さらに経験を重ね情報（伝統）を伝える長老2〜3人、子供が産める成人女性5〜10人、大人予備軍の子供は大人の倍の10〜20人は必要で、子供予備軍の赤ん坊は5〜10人（毎年）という規模（30〜50人）の群れが必要になってくる。

さらに、情報（群れのしきたり、道具つくり、狩りの役割等）を蓄積、これを伝える合言葉（情報媒体・言語）を増やしていくには、この数倍の個体数が確保されなければならない。

狼は、鋭い臭覚、強いアゴと牙、スタミナを備えた走力を利用し、家族で狩りをするが、大人の熊やマンモスは狩らない。

身体能力を上回る相手（熊やマンモス等）を積極的に狩ろうとするのは人類だけである。極めて危険な狩りであり、経験を積んだ長老による綿密な打ち合わせ、役割分担する大きな群れ（集団）なくしては不可能である。

合言葉を増やし、道具を工夫していくためには専門化（余裕）が必要で、そのためには、多くの個体数が必要になってくる。

## (4) 役割分担を伝える情報媒体（合言葉）

①情報の利用

生命は多細胞化すると、刺激に反応する細胞（構造系、行動系ソフト）を利用し、結晶と異なり情報を採り入れながら増殖するようになる。

収縮・反発するだけだった簡単なソフトは、淘汰の中で、数打ちゃ当たるの多産、卵や子を守る少産（番い、育児）、小型・大型化、擬態、共生・寄生、さらに特殊な手足口翼や甲羅等や飛翔、夜行性等の多種多様なソフトになってきた。

生命は、一定の情報に反応する感覚細胞等を凝縮進化させ、これら（集積した過去の情報）を利用して、現在の情報を分析するという《情報の二段利用》を始めた。
＊魚類や昆虫・両生類・爬虫類は、過去の淘汰情報（ソフト）を遺伝子に刻み現在の情報を分析するという《情報の二段利用》だが、哺乳類・鳥類等（情報伝達種）は、子育ての中で生きる術（ソフトに当たる過去の情報）を伝え、遺伝子では何万〜何十万年もかかるソフトの凝縮進化（環境対応）を一気に成し遂げている。

個体だけで利用していた情報は、群れソフトにより伝達・共有され、さらに、なわばり・序列ソフトにより記憶され、正確に伝達されるようになった。

情報量の増加に伴い、情報処理機能も、のんびりとしたクラゲのような神経から、同調するために休みなく働く脳になり、さらに、個体の属性やなわばり・序列まで記憶する脳になった。
＊情報の記憶により、サケの回遊・母川回帰、渡り等がうまれ、番い繁殖が可能になり、雌の審美眼によりフウチョウや孔雀の華麗な姿・ディスプレイがうまれ、巨大なゾウアザラシの体やヘラジカの角がつくられてきた。
役割分担ソフトを持った蜂、蟻、シロアリの現在の情報分析は、環境が発する情報（光・音・臭い等）と、仲間（群れ・個体）が発する情報媒体（姿・行動、フェロモンやダンス等）

によっておこなっている。

＊第1類型（鰯や鰊の群れ）の金太郎飴の目立つ姿・形は、同調するために仲間が分かりやすい信号（情報媒体）になっている。

役割分担は、仲間（群れ・個体）が発する情報がなければできない。

第1類型は、さえぎる物のない見通しの良い環境のため、仲間の行動を見て同調し、鯨やイルカの追い込み漁や、イモ洗い等（伝統）も、この《見よう見まね》の沈黙の情報によって伝えている。

しかし、障害物が多い地上や森では、《見よう……》の情報伝達は難しく、地上を這う蟻やシロアリは臭覚（フェロモン）を、蜜蜂はダンスによって餌の方向や距離を伝え、動物はマーキング（尿等）や鳴き声によってなわばりを伝えている。

そして、この情報媒体は、フェロモン等のように遺伝子に刻まれたものと、伝統の鳴き声（合言葉）のように後天的に学習するものがある。

遺伝子に新たな情報を刻むには多くの歳月（淘汰）が必要だが、記憶を利用すれば数日～数カ月で足り、さらに、少しずつ増やしていくことができる。

合言葉は情報の塊であり、これが増えていくと、それまでの小さな脳（メモリー）では処理できず、大きな脳が必要になる。

言語という音声情報媒体は、《見よう見まね》では伝えられない時空を超えた情報が伝達でき、大変な省時・省エネ効果をもたらすことになった。

テレビを、音声をゼロにしぼって見てみる。

ヒトは、微妙にパクパクと口を開けたり閉じたりしている。

時には大勢集まって、口をパクパクさせ、笑ったり涙を流している。

ケンカでさえも、身体を動かさず、口でやっているようである。

どうやら人類は、声を出して何かを伝えているらしい。


類人猿（ゴリラ、オランウータン、チンパンジー）も声は出すが、それは緊急時や仲間と争う時だけで、普段は無言の毛づくろいをするだけで、人類と比べると極めて寡黙である。

彼らは、優れた身体能力を持っているが、情報伝達の大部分は、いまだ、古代の海から引き継いだ《見よう見まね》の視覚に頼っている。

しかし、我々の祖先は、昔から無声映画ではなくトーキーの世界に生きてきた。

祖先は、ナキウサギのように、《ああだ！　こうだ！》と様々な声を発するおしゃべりな小型哺乳類だった。

この祖先は、樹上生活で器用な手を凝縮進化させたが、おしゃべりも忘れなかった。

《異変に注意！》といった大雑把な叫び声（警戒信号）も有用だが、もし、何が来たかという細かな情報、例えば、猛禽！　とか蛇！　の音声区別の合意があれば、情況は全く変わってくる。

鷲なら伏せなければならないし、蛇に動かず伏せているようでは問題である。情報があるかないかで、生き死にが変わってくる。

人類の祖先は、この音声合意（情報媒体・単語）を徐々に増やしていき、やがて画期的な言語をつくりあげる。

②《見よう……》の情報伝達（ゲーム）の限界

情報の伝達では、視覚が最も利用されており、これを利用する群れ（鰯や鯖等）の眼は、体に比べ異様に大きい。

《見よう……》の情報伝達は《百聞は一見……》で極めて分かりやすいが、障害物等で視界が確保できない環境では、音声や臭い等が利用される。

象の大きな脳には、何が食べられるか、何時、何処に行けば水や餌があるか、何が危険か等の莫大な情報が詰まっている。

象には様々な感覚（視覚、聴覚、臭覚等）があるが、子供は、多くの情報を《見よう……》の同調（見習う）によって得ている。

もし、ある象がミネラル（塩）を含んだ貴重な土を見つけ仲間に伝えようとしても、怪我や病気で、そこに群れを連れて行けなければ、情報は伝わらない。

さらに、運悪く、その個体が死んでしまえば、貴重な情報は、永遠に日の目を見ることはない。

《見よう……》は、《百聞は一見に……》だが、この情報断絶の可能性が高く、また、現場が見られない遠方の情報や過去の情報は伝えられない。

《日本サルのイモ洗い》や《チンパンジーの蟻釣り》も象の伝統と同じで、現場を見ない個体には全く伝わらない。

また、《見よう……》は、絵の鑑賞と同じで、同じ現場を見ても、受け手によって残った印象が異なってしまうという欠陥がある。

この視覚情報の欠陥は、面白いゲームとなっている。

ボードの絵（cf、斜めから描いた椅子）をゲストが写し、その絵をさらに別のゲストが写すということを続け、元の絵がどう変わるかを楽しむゲームである。

絵は、ゲストの受け取り方（考え、記憶）によって、最初の絵と少しずつ変わっていき、いつの間にか、元の絵とは似ても似つかないものになってしまい、見るだけでは情報が変化し正確に伝わらないことを教えてくれる。

そこで、もし、この写した絵に《斜めから見下ろした椅子》という音声情報を付け加えることができるなら、情報は焦点が定まってどのような絵か分かり、芸術鑑賞のレベルからニュース報道のレベルになり、何人ゲストが変わっても、情報はほとんど変わることなく伝わっていくことになる。

言葉は、情報の核心をつき固定する《アンカー》の働きをし、《斜めから見下ろした椅子》と言うなら、我々は現場に居合わせなくても、その情況をおおよそイメージ出来る。

＊話が長くなると言葉に尾鰭が付いて変わってくるが……。

聴覚を利用する情報媒体（音声）は、《見よう……》の欠点（焦点）を補い、実際に見なくても情報を伝えてくれる。

臭いは、存在情報を、ある程度時間が経っても教えてくれるが、風上にいては分からない。

ともあれ、象は、様々な感覚（センサー）を駆使して情報を伝えている。

③犬の躾

しかし、音声が即、情報媒体になるわけではない。

我々は、鳥や動物の鳴き声を聞いても、何を伝えているのか分からない。

音声（鳴き声）が情報伝達の媒体となるには、情報の出し手と受け手の双方が、その意味を前もって知っている必要があり、同じ人類でも、言葉が分からない赤ん坊や外国人は、表情や身ぶり手ぶりで判断するしかない。

役割分担のソフト（感性）はあっても、情報媒体（言語）なしに《初めてのお使い》すなわち「狩り」は出来ない。

しかし、共通の言語があれば情報交換が可能になり、《見よう……》では伝わらない様々な情報が伝えられる。

## 芸を仕込む

そして、「お手！伏せ！待て！お座り！」と犬を仕込む（訓練する）のは、掛け声とその行動（役割）を犬に記憶させること、すなわち、我々と犬との共通の情報媒体（サイン）を新たにつくりあげることであり、このサインによって初めて、犬は飼い主の声に反応し役割行動（芸）が出来るようになる。

犬の訓練が容易なのは、彼らが自由行動（本能）を抑制して序列に従い、連携して狩りをする狼の子孫だからであり、単独で気儘に狩りをする種（猫等）は、いくら訓練しても《馬の耳に念仏、ザルに水》で規制を嫌い、飼い主の意向に応えるような対応はできない。

望まれる行動がとれるかどうかは、脳よりも、行動様式（ソフト）が問題なのである。連携や服従という言葉は狼に、自由や孤高という言葉は虎にふさわしい。

すでに言語ソフトがある我々は、媒体（言葉）の記憶は比較的容易だが、このソフトがなく、自ら《掛け声》を発するノドも持ち合わせていない彼らに、掛け声と行動内容を一致（記憶）させることは、数個の《掛け声》だけでも手間暇がかかる。

まして、多くの犬に、これを覚えさせる（周知する）となれば、その労力は《言葉×群れの個体数》となり、さらに、忘れたり、覚えられない落ちこぼれの確認も必要で、漏れなく伝えるには大変な手間暇が必要になる。

ところが、蜜蜂や蟻、シロアリ等は、この手間がかかる情報媒体の周知を、遺伝子に刻むことによって一気に解決している。

群れは、生得的情報媒体（フェロモンやダンス、摩擦音等）によって、役割分担や危険を伝え、《見よう……》なら往復何キロ・何十分もかかる餌までの時間とエネルギーを節約、さらに数千〜数万匹が往復（利用）することによって餌への最短コースを探しだし、莫大な利益を引き出している。

この遺伝子に情報媒体を刻む方法は、個体数が多く役割が固定された種（クローン社会）では極めて有効だが、個体数が限られ、序列・役割が変動する種には適用できない。

ところが、サバンナの祖先は、大変な時間とエネルギーをかけて、この情報媒体（言語等）をつくり、周知（伝達）するようになった。

全ては役割分担のためである。

④音声情報が増える森

見通しのいい大洋では、視覚利用の群れソフトが有効だが、常に仲間を見ていなければならず、また、同調だけでは、仲間が、何のために方向を変えたのかは分からない。

役割分担社会をつくるアリ、蜜蜂、シロアリは、そのソフトとともに、《見よう見まね》だけでは分からない餌の場所や敵の接近を知らせる情報媒体（フェロモンやダンス等）をしっかりつくりあげている。

大隕石衝突後、祖先は、見通しがきかない樹上（森）に進出した。《見よう……》だけに頼っては、群れ行動が出来ない。

しかし、音声情報なら、常に仲間の行動を見る（確認する）必要はなく、さらに、起伏や障害物があって見通しが悪くても利用でき、音声を変えて敵か餌かも伝えることが出来る。

祖先は、隕石落下以前につくりあげていた様々な声（敵がきた！移動開始！停止！等の合図）を、森でさらに増やしていた。

《イモ洗い》や《蟻釣り》を覚えなくても群れで生きられるが、森では、鳴き声を覚えなければ、群れから取り残され生きていけない。

《必要は発明の母》で、音声情報（鳴き声、サエズリ等）は、視覚が利用できない環境で、より発達する。

森で必修となっていた鳴き声（群れ共通の合図）は、サバンナで、狩り（役割分担）のためにさらに増え、声帯や言語野（脳）も進化する。

アバウトな狩りの方法（追いこみ等の段取り）は、《見よう見まね》で分かるが、個々の役割は、《身ぶり手ぶり》では伝えられない。

役割分担の感性があっても、《あれを持ってきて》、《これを手伝って》と具体的にいえなければ、役割分担は出来ない。

言語が発達していない段階では、経験と憶測に頼るしかないが、《そっちへイッタゾ！こっちに来た！》との声があれば、狩りは飛躍的に進む。

＊ワクワク、ドキドキの冒険映画に、友情（役割分担）は欠かせず、危機一髪は、《……！》の劇的な一言で救われてきた。
祖先は、生き残るために必要な合言葉（語彙）を増やしていく。

⑤共同保育と長い成長期間

ヌーやガゼル、カルガモやダチョウの子供は、生まれてまもなく母親とともに歩き始め、何カ月か過ぎれば、大人と変わらない行動をとるようになる。
＊アザラシは、濃厚な母乳で、一日に数キロも体重を増やし、数週間で親離れまでしてしまう（子供にとって外敵の少ない豊かな海のため？）。
我々から見れば驚異の成長だが、彼らは、その能力で生きている。

これに対し、猫・犬・熊等の子供は、小さく眼も見えない状態で生まれ、長期間、面倒をみてもらわなければ独立することはできず、独立してもすぐ一人前の大人になるわけではなく、さらに体を大きくし経験を積まなければ繁殖に参加できず、子孫を残すことができない。

そして、人類には、異常に長い成長期（幼年、少年・少女時代）がある。

人類は、なぜこのような時間と手間をかけるのか。

オランウータンの環境は安全で豊かな自然のため、《見よう見まね》の情報伝達（５〜６年の育児期間）で充分だが、祖先はそうはいかない。

我々は生まれついての狩人ではない。

虎は一頭で狩りができるが、我々が一人で狩りをするのは、危険で難しい。狩り（役割分担）に必要な言語や弓矢等の扱い方、群れのしきたりを学習する必要があり、この情報が、虎やライオンの牙や爪となり、祖先の狩り（役割分担）を支えていった。

情報（経験）の有り無しで、収獲は全く変わってしまう。

どのような動物をどのように狩るかは、経験・知恵を積んだ長老が教える。長老は、言葉と身振り手振りで説明、これを理解し、実行していく個体が評価をあげていく。青虫から蝶になるように、年齢に応じて関心事も、言葉や序列から、異性（思春期）、さらに狩り（役割分担）になってくる。

狩猟採集生活では狩りの知識・経験を貯えた長老が尊敬され、高い序列を得ていたが、変化が激しい現代は、職人の世界にしか伝統が残されない（長老が尊敬されない）不幸な時代になっている。

言語や様々な知識は好奇心旺盛な成長期に学習していく。

種類が少なく簡単な合言葉だけなら、短い期間で覚えられるが、種類が増えてくれば、そうはいかない。

成長（学習）の期間は、大型化とともに少しずつ延びてくる。

成長期が長くなれば、その後の情報利用（回収）する期間も長くなり、寿命が延びてくる。

＊成長期間を10年とすれば、これを育てる大人の寿命は最低でも倍の20年が必要で、これに繁殖できる期間を10年を加えて30年、繁殖が終わっても生きられる（経験伝達）期間を

5～10年とすれば、長老の寿命は35～40年で、この辺りが、サバンナの祖先の最高齢だったかもしれない。

子供の期間（育児）が長くなれば、母親は子離れするまで、次の妊娠は見合わせなければならない（単独で子育てするオランウータンは、子育てが終わるまでの5～6年間は次の子を産めない）。

しかし、祖先は、その子育てを群れ（母や叔母、兄弟、親戚等）に任せ、交尾の時期を限定せず次々と赤ん坊を産んでいった。

祖先は、個別では大変な育児（言語やしきたり等の情報伝達）を、共同保育（役割分担）によって行い、莫大な時間とエネルギーを節約していった。

母親に育てられて簡単な言葉を覚えた赤ん坊は、《公園デビュー》の後、かしましい幼稚園に入っていく。

共同保育は、子供同士の切磋琢磨（序列争い）を促し学習は一挙に進む。

狩りとともに子育ても役割分担する群れが、サバンナで生き残っていく。

アバウトな序列もでき、群れの伝統とともに言語の学習も進む。

言葉は、《見よう……》とは異なった情報を伝えてくれる。

たった《いい、悪い》の二つの言葉だけでも、物事が正確、効率的に伝えられるようになる。

優しいウーはいい（good; yes）、強いウーは悪い（bad; no）とすれば、二つの音声の使い分けで、情報の伝達は円滑に進む。

いろいろな行動が、優しいウー、強いウーによって、確認できるようになる。
情報伝達は次の段階に進む。

⑥言語の発展

サバンナで特定のものを指し示す指差しは、狩りに欠かせないが、人類以外の動物にはない。特定のものを示す指差しは、やがて、《これ、あれ、何?》等の指示代名詞となり、《あれ、これ》に対応した単語がつくられていく。

何万〜何十万年（数千世代?）かけて、環境を表す単語、《太陽、月、星、山、川、草木、土、岩、水等》や、環境変化（現象）を表す《朝、昼、夜、暗い、明るい》、天気を表す《晴れ、雨、曇、雷、雪氷、暑い、寒い等》ができる。

体の部分については《目、鼻、耳、歯、口、頭、手足、腹、髪、爪等》が、獲物等については《角、牙、羽、翼や、様々な動植物の名前》や、狩猟採集のための石器・木器・罠の種類や《皮、骨、肉、筋、内臓、葉、根、実等》の単語がつくられる。

狩り（役割分担）では、誰（主語）が、何（目的語）をどのよう（述語）にするかが伝えられなければならない。

先ずは、保護者となる母（マー）、父（パー）に始まり、個体を識別する属性《俺、お前、兄弟、男・女、大人、子供、若い、年寄り、ヤセ、デブ、チビ、ノッポ、偉い、強い、弱い等》がうまれ、それまで曖昧に記憶されていた個体の属性が確認され、役割の指名が出来るようになる。

＊個人の顔はすぐ覚え忘れないが、仇名以外の名前が思い出せないのは、名前による個体識別が比較的新しいことを示している。

どのようにするかで、《気を付けろ、見つけた、逃げた、追え、投げろ、行け、来い、走れ、休め、怪我をする、病気だ、死んだ》等の動詞が生まれ、さらに、比較の《少し、最も、強く・弱く、早く・ゆっくり、遅く》や方向を表す《前、後ろ、上、下》等の言葉もうまれる。

サバンナに出た頃、祖先の語彙数は現代とは比較にならないほど少なかったが、数世代に一つ新たな単語がつくられても、1万年では百近くになり、増減を繰り返しながら幾何級数的に経験・知識が蓄積されていく。

祖先は、何百、何十万年かけてゆっくりと合言葉を増やし、《赤い》と《バラ》が結び付いて《赤いバラ》となり、さらに、《バラは赤い》の（A＝B）の文になり、これが優しいウー(yes)、強いウー（no）で確認されるようになる。

サバンナでは、残された糞や足跡等から、獲物や敵の種類・滞在時間等を推測（確認）しなければならない。

推測が合言葉によって伝達・検討される。

語尾を上げたり簡単な音声（……か）を加えて、疑問文がつくられる。

大きい⤴？　ライオン⤴？　等で、答えは、大きい、ライオン、優しいウー（そうだ）となる。

語尾を上げたり、間投詞を加えた疑問文によって、情報の確認、やり取りが可能になる。

大きい足跡⤴？　水牛か？　いや足跡の間隔が広いからキリンだ。

小さい足跡は、その子供かもしれない。

推測（憶測）こそ脳の役割であり、何が、いつごろ・どのように・する・したかが、A＝Bの構文をand, but, or, if等の接続詞で繫ぎ、検討され、祖先の思考は一段と進歩して行く。

《役割を持ってナンボ！》の群れでは、言語が凝縮進化の沸騰点となる。

言語は、群れで生活するための必須アイテムとなり、高い枝の葉を食べるためにキリンの頸や足が伸びていったように、雌の気を引くためにゴクラクチョウの華麗なディスプレイ（誘惑のダンス）がつくられたように、脳は言語の増加とともに大きくなる。

狩りだけでなく、子育ても言葉を利用して役割分担する群れが生き残る。

行動系（役割分担）が、構造系（脳や声帯）の進化を促している。

対象を特定する単語があれば、明確に《何がこうだ》と論理を展開できるが、役割分担しないオランウータンには合言葉がないため、黙って親についていき、餌の場所や食べ方、危険なものを見て学ぶ（記憶）しかなく、原因（餌）と結果をおぼろげながら判断・記憶するのが精一杯である。

対象を特定する単語があれば、明確に《何がこうだ》と説明でき、論理（好奇心・憶測）も、さらに展開させることできるのだが……。

《見よう……》では、ある時期、ある樹に、ある実が熟すのを、漠然と記憶するだけだが、その実に名前を付ければ、名前を言うだけで、特定の季節、場所、樹を、即座に連想できる。

言葉がなければ、怪我や病気になっても、仲間に正確に伝えられない。

親は気付けば舐めてくれるが、仲間は気付かない。

それが原因で死んでも、死という言葉がないため、親はただ体を動かさない状態と認識し、いつまでも子供（遺体）を見守るだけである。

単語を増やした祖先は、覚えるのが大変になるが、アリや蜜蜂とは比較にならない膨大な情報を焦点を結んで正確に伝えられるようになった。

情報は、親から子へ、年寄りから若者へと伝えられ蓄積されていくが、単独行動種（オランウータン等）は、いくら脳が大きくても情報は増えず、《三人寄れば文殊の知恵》もうまれない。

祖先は、言語によって狩り（役割分担）を計画・実行・反省し、悪魔のように巧妙に獲物を追い立てるようになる。

火の利用で《かまどや炭、灰、焼く、煮る、さらに土器等》の単語がうまれ、暖炉で、狩り（惜しい、面白い）の経験が時制（昨日、明日、昔、朝、昼、夜、さっき、今、しばらく等々）をともなって語られ、道具つくりや役割分担で（真ん中、もう少し、まっすぐ、斜め、端、強く、弱く等）の言葉が生まれた。

道具は、さらに鋭い斧や槍となり、戦闘、狩りの能力を高め、食物（獲物等エネルギー）の種類と量を増やしていく。

火の利用（エネルギー革命＊後述）で、祖先は人口を増やし、地球規模の拡散（グレート・ジャーニー）を始めた。

その旅の途中で《あれは何！》という対象を固定するアンカー（単語・錨）が少年から発せられた。

皆がふりむくと、指差した山の頂上には白いものが見えた。

白いものは何を意味するのか。

長老は、かつて聞いた《雪》という言葉を思い出し群れに伝える。

《雪》は寒気が迫ると、空から降りてきて固まるらしい。

群れは、季節の移ろい（旅の困難さ）を知り、毛皮を撫でる。

言葉は情報の宝庫であり、このあるなしが旅の結果を分けていく。

《出来る！》という言葉があれば、役割の確認が出来る。

役割分担ができるかどうかは、この言葉に懸っている。

犬やサル、イルカ等に、役割が出来るかどうかの確認をとることは出来ない。

たとえ、大天才にインスピレーション（発想、発見）が閃いても、《見よう見まね》だけでは伝えられない。

『猿の惑星』では、サルが言葉を話しているが、言語は、たった数千年ではつくれない。

言語には、数万〜数十万年の合言葉の蓄積が必要なのである。

犬や猿も、《見よう見まね》で繰り返して教え込めば、新聞等をとってくる《お使い》が出来る。

しかし、彼らに《初めてのお使い》は期待出来ない。

この高度な役割分担ができるかどうかは、言葉が使えるかどうかに懸っており、身ぶり手ぶりだけで役割（初めてのお使い）は伝えられない。

シロアリ、蟻、蜜蜂は、遺伝子に《役割分担ソフトと情報媒体》を刻むことによって群れ社会をつくりあげているが、人類は、役割分担のソフトだけを遺伝子に刻み、情報媒体（言語）は、後天的な学習によってつくりあげている。

言語の学習は、かつて祖先が言語をつくりあげてきた道をたどる。

指差しから、自分の面倒を見てくれるマー、パー、ジー、バーが記憶され、食べ物、生理現象や頭、手足、眼、耳、臍を覚え、《〜は〜だ》で、お腹が空いた、ある、ないがいえるようになる。

言葉を憶えれば褒められ、ますます言葉をおぼえるようになる。

やがて、友達や男女の区別も分かるようになり、大事な分け前（分配）では〜のという所有格と同時に量（多い、少ない）をいいだすようになる。

さらに動詞、副詞、形容詞と学習が進み、これらを繋ぎ、複雑に組み立てるようになる。

《成長する、大きくなる》は、兄弟等を見てから使い始める。

家から出るようになると、語彙は急速に増え、太陽や月、星、鳥や動物、さらに晴れ、雨、風、暑い、寒いや明るい、暗いを憶えていく。

やがて経験が、さっき、昨日、〜した、寝る、起きる、歩く、座る、はしる、怪我する等も表現され、進め！　戻れ！　待て！　の命令も簡単に分かるようになる。

元気、生きる、死ぬ、清潔、不潔等の言葉（概念）は、ずっと後で、その前に、上下、前後、や赤、白、黒や重い、軽い、大きい、小さい、きれい等を覚える。

お使いが任せられるかどうかは、《出来る！》という返事できまる。

犬やサルに、この確認はとれない。

犬やサルは、《出来る、出来ない》の判断は出来るが、残念ながら、その判断を他者に伝える術（情報媒体）がない。

言語と役割分担ソフトが相まって《初めてのお使い》が可能になる。

**＊初めてのお使い**

ヒトの子供は、物心がつくと《お使い（役割分担）》が出来るようになる。両親に頼られ、励まされ、献身的に頑張る子供の行動を、『はじめてのおつかい』というTV番組は、見事に描写している。

『はじめてのおつかい』は、幼い子供が、役割分担ソフト（責任感等）とようやく覚えた言語で互いに助け合い、困難（見知らぬ場所）を克服（通って）、買い物に成功し、両親に褒められるというハラハラドキドキの物語である。

訓練すれば、犬やチンパンジーでも簡単な《お使い》はできるが、未知の経路を辿る《初めてのお使い》は、ヒトにしか出来ない。

《～を買ってきて》にうなずくためには、《何（対象）をどうするべきか》という理解（言語能力）と、これを成し遂げなければならないという責任感・緊張感を受け入れる役割分担の意識が不可欠である。

幼い子供が、お使いのために、たどたどしい言葉で互いに判断（意志）を伝え協力していくさまは、人類の未知への冒険（グレート・ジャーニー）を彷彿させ、役割分担の感性と、情報を伝え互いに励ます言語（コミュニケーション媒体）の働きを手にとるように見せてくれる。

言語という情報媒体によって、人類は、アリや蜜蜂とは比較にならない膨大な情報を、焦点を結んで正確に伝えるようになった。

狩り（役割分担）の精度は上がり、食物（エネルギー）の種類と量を拡大させ、生活も向上して行く。

言語情報は親から子、年寄りから若者へと伝えられ、群れの分化とともに変容し、独自の言語になってくる。

単独行動種に、発展（進歩）はないが、祖先は、言語により狩りを計画・実行・反省し、いつのまにかトラや狼を凌ぐマンモスハンターになっていく。

言葉なしで、怪我や病気（どこが悪いか）を伝えるのは難しい。

親は、気付けば傷を舐めてくれるが、仲間には伝わらず、無視される。

たとえ、それが原因で死んでも、死という言葉がないため、親は、いつまでも子供（遺体）を抱き続ける。

しかし、《死んだ》という言葉をつくりあげた祖先は、この言葉によって、埋葬を始める。

⑦合言葉の効用（属性の確認）

合言葉という情報媒体（パターン）は、群れ全員に周知徹底されて初めて、そのやり取り（キャッチボール）が可能になる。

赤穂浪士の討ち入りでは、夜間に互い（敵・味方）を判別するために、《山、川！》という合言葉をあらかじめ決めていたという。

暗くて顔が分からない相手が、敵か味方かを判断するには、《山！》という合言葉を一言発するだけでいい。

《山！》に対し《川！》という合言葉が返ってくれば同志だが、無言だったり、別の言葉が返ってくるようなら敵（吉良方）ということで躊躇なく討ち果たす（役割分担できる）ことになる。

これが本当の話なら赤穂側は、同志＝《山！に対して川！》という合言葉によって暗闇の闘いを制し、討ち入りを成功させたことになる。

《敵を知り……百戦危うからず》で、有効な情報をいかに持つかで、勝敗は分かれてくる。

群れ固有の言語は、この合言葉の延長からうまれてくる。

合言葉を覚える（共有する）ことが、群れに属する証となり、合言葉を知らない者は、よそ者（異なる属性）となって排斥される。

好奇心だけではなく群れソフトも、合言葉を覚える推進力となっている。

様々な情報が詰まっている合言葉は、遺伝子に固定された情報（フェロモンやダンス）と異なり、学習期間（投資）を伸ばすことによって、その種類（語彙）を大きく増やし、学習期間を伸ばすという投資（大きな負担）をしても、有り余る見返りをもたらしてくれた。

《見よう……》では、受け手の印象に任されていたアバウトな情報は、言葉によって焦点を結び正確に伝達されるようになった。

言葉は瞬時に様々な事象等をイメージ、伝達させる。

合言葉を覚え、役割分担をし、結果を出した個体は、群れから重宝がられ、異性にモテて子孫を残していく。


素手だけでは、立派な家は建てられない。

家は様々な工具・機械、材料を使って建てられる。

工具・機械は、素朴な道具から進化した。

しかし素朴な道具でも、素人が簡単に作れるわけではない。

そこには先人の様々な創意工夫が詰め込まれている。

この基礎（伝統技術）なしに、我々は何も作れない。

原理だけを知っていても、我々は簡単な石器さえつくれないし、火も起こせない。


素朴な石器は、やがて工具となり、その工具によって複雑な機械がつくられ、その機械によって、さらに精密な設備・施設がうまれていくように、言語も《山！　川！》等の一単語（合言葉）から始まり数を増やし、磨かれ、組み合わされて、複雑微妙な情報を伝えるようになる。

工具は、群れ（国・民族・宗教等の属性）によって多少規格が異なり、その規格によって家

（建築）が建てられている。

合言葉（言語）にも群れ特有の規格があり、この規格によって、群れや民族等がつくられてきた。

言語ソフトは、人類共通の単語を収納・利用する器（雛型）であり、器に入る中味（単語）は、「絵を写していくゲーム」のように少しずつ変わり、やがて、方言（訛り）を超えるような別の言語になっていく（英語とドイツ語は似ている）。

⑧言語の限界

何年後の何月何日何時に、どこそこで会うというような約束は、人類以外の動物はできない。

人類は、情報を選別・固定する情報媒体（合言葉・言語）により、時空を超えた情報を、省時・省エネで伝えられるようになった。

しかし、言語（口伝え）にも限界があり、時間的には数世代、空間的には数千キロの区域をアバウトにカバーするのが精一杯で、また、言語を利用しても、伝えるのが難しい情報もある。

＊《悟り》という摩訶不思議な情報を理解するために、ヒトは一生を費やし、筆者も、インスピレーションを伝えるために苦労している。

歳月がたち、世代交代が進めば、情報は大きく変わり、忘却の彼方に消えてしまう。

口伝えだけでは、偉大な文化・文明も、一度途絶えれば遺跡しか残らない。

この限界は、ほんの数千年前、文字という新たな媒体の発明によって打ち破られ、新たな情報の時代（有史）に入っていく。
＊エジプト文明は、ロゼッタストーンの発見により解明されたが、アステカ・マヤ・インカ文明の文字は、いまだ謎の部分に包まれている。
文字は忘却の壁を超えて様々な情報を正確に残すようになった。

情報は、さらに、紙の発明、印刷技術の進歩によって一般に拡散するようになり、現代は、ラジオ、テレビ、インターネット等で氾濫している。

## ⑸ 脳の肥大化

人類の脳の肥大化は、栄養（肉食化）のためという説や、突然変異で脳の細胞分裂が一回増えたためという話もあった。

とんでもない話である。

肉を食べなくても、象やオランウータン、ベジタリアンの脳は大きいし、肉食のトラやライオンの脳が特別発達しているわけでもない。

また、脳が大きいからといって、必ずしも賢い（役割分担できる）わけではなく、アインシュタインの脳は鯨や象よりはるかに小さい。

イルカ、象、チンパンジーは、鏡の自分を認識できるため賢いとされ、犬は、鏡の自分を見ても吠えるだけのため、賢くないとされている。

これも適当な話で、狼等は、たまたま視覚より臭覚を発達させたため、鏡の特性（反射）を理解できない（反応しない）ということを考えていない。

狼類には、大まかな役割分担や分配があり、脳も猫より大きく、仲間を気遣うことも出来、賢い動物と評価し直すべきなのだが……。

ロケットやスパコンは、様々な知識、経験、技術の蓄積に加え、さらに、その需要があって初めてつくられ、どれか一つ欠けても成立せず、突然出来るようなものではない。

脳も同じで、使い道もなく突然大きくなるようなことはない。

高い枝の葉（アカシア）を食べようとする行動がキリンの首（構造系）を伸ばしたように、脳という構造系は、役割分担という行動系のソフトによって肥大化したのであり、精密な脳が、突然大きくなることなどありえない。

脳細胞は癌のようにやみくもに増殖する細胞ではない。

大きな脳はつくるのも大変だし、たとえつくられても、伝える情報や伝える手段（言語等）、使い道が前もって用意されていなければ、《水中の肺、猫に小判、豚に真珠》で何のメリットもない宝の持ち腐れで、かえってハンディ（邪魔、エネルギーの浪費・無駄）になってしまうだけなのである。

体の大きさも脳の肥大には関係なく、巨大恐竜の脳は驚くほど小さい。

脳が肥大化したのは、処理する情報の量が増えたからにほかならない。

オランウータンは、群れをつくらないため情報媒体が発達しないが、《見よう見まね》で様々な情報を伝達する育児期間を長くして、脳を大きくした。

オランウータンの環境（樹上）は、この経験があれば食糧・安全が確保され、単独でも生きていけるが、サバンナでは、このような生活は許されない。

祖先は、協力（役割分担）しなければならず、役割を伝える情報媒体（合言葉）を徐々に増やしていった。

適当だが、フラミンゴ等の合言葉の数を5～10とすれば、プレーリードッグ等では20～30、サル類では30～50くらいで、猿人・原人ともなれば、50～数百となり、それが旧人類ともなれば、千～数千となり、新人類となれば数千～数万と急激に増えたはずである。

単語（合言葉）の一つ一つに様々な意味（概念）があり、既存の小さな脳（容量）では、この膨大な情報を処理できない。

キリンが首を伸ばしてきたように、祖先は役割分担のために情報媒体（単語）を増やし、脳を肥大化させてきた。

子供の脳は柔らかく（先入観なく）好奇心旺盛だが、好奇心は危険を招くリスクがあるため、成長すれば戒められ、保守的になっていく。

しかし、祖先は、この好奇心旺盛な幼少期を延ばし共同保育も始めた。

成長に十数年もかける投資だが、見返りも大きかった。

脳は、やがて、急速に肥大化していく。

肥大化した脳は、暇になると、その情報処理能力を持て余し、自らつくりあげたパターン化を陳腐として嫌い、珍しいもの（新たな分析対象）を求めるようになる。

脳独自の感性（行動指令）であり、肥大化した脳は、この感性（好奇心）によって単なるツール（構造系）から欲望を持つソフトになる。

好奇心を持った脳は、言語等の習得と役割分担（憶測）を促進し、増えた言語と複雑な役割が、さらに脳を大きくするという好循環がうまれ、新たな発明・発見につながっていく。

**＊ネアンデルタール人**

同じ狩猟採集生活でも、ネアンデルタール人は、肉食が主だったという。

肉食が主のため体は大きくなるが獲物は限られ、大集団の群れはつくれない。

自ずと一夫一婦制の数家族単位が限度の群れとなり、一定のなわばりを持って互いに争わないというのが欧州の森では合理的だった。

道具の改良には、この改良を評価し受け入れる一定の個体数（オタク）が必要だが、数家族単位の群れに、そのような個体数は確保できない。

智恵と体力があったネアンデルタール人は、敢えて、道具（石器等）を改良しなくても狩りは続けられた。

この平和な時代は長く続いたが、突然、何でも食べる雑食の黒いサルが大集団でやってきた。

黒いサル（新人類）の雄は、謹厳なネアンデルタール人と異なり好色で、一夫一婦制にはこだわらない。

目を付けた雌と番い次々と子孫を残し、群れは雑食のため肉食以上に大きな集団を養え、大きな属性（象徴・トーテミズム等）で群れをまとめていた。

大集団の群れでは、高度な役割分担（熟練）も可能で石器の改良も進むが、20人程度の群れでは、技術も言語も、蓄積・発展は期待できない。

肉食が主のネアンデルタール人は力はあるが、武器も人数（100人以上の人類）も勝る新人類の群れに席を譲らざるを得なかった。

サバンナでは、様々なサルが生まれては消えていったが、その中で役割分担して狩りをする群れが生き残った。

《役割分担、合言葉》という淘汰の圧力（方向）が定まれば、凝縮進化は急速に進んでいく。

淘汰の蓋然性（受け身の環境適応）にまかせては、ガラパゴス（イグアナ・フィンチ・象がメ）の凝縮進化のように数十万～数百万年の年月が必要だが、農畜産物の品種改良のように目的を持った選択が行われれば、多くの時間はいらない。

人類のサバンナ生活は、地球史的にみれば、ほんの瞬間だが、人類の脳は、役割分担ソフトと言語に対応し急速に大きくなっていった。

胎児の手足と較べ不釣り合いに大きな脳を見れば、我々が、いかに情報を重要視してきた種であるか一目で分かる。

脳は使わなければ、大事なエネルギーを使ってまで、わざわざ残す必要はなく、孤島の鳥の翼のように、あっという間に退化する。

サルが、猿人、原人、旧人、新人と脳を肥大化してきたということは、伝える情報量が確実に増大してきたからにほかならない。

その決定的な要因は、《同調と排斥の本能を昇華する役割分担》だった。

狩り（役割分担）のために、言語が発達、学習期間・寿命が延び、同時に体も大型化した。

言語の学習には長い期間が必要で大きな投資（賭け）だが、その見返りは大きかった。

何万、何十万年たっても変わらない他の動物と較べ、祖先は言語によって、時空を超えた莫大な情報を蓄積、省時・省エネを実現することになった。

肥大化した脳（情報分析する環境地図・構造系の道具）は、その能力とエネルギーを持て余すと、好奇心という独特の感性を発するようになる。

前者の後しか歩かないヌーには何の発見（進歩）もないが、祖先は、新たな道（最短コース）を発見していく。

好奇心は、伝統（安全）を破壊するが、その見返りも大きい。

そして、この見返り（新たな発見・工夫）が生かされるには、その効用（価値）を認め受け継ぐ多くの個体、すなわち、大きな群れが必要となる。

専門化した役割（熟練）は、大集団しか支えられない。

脳が如何に優秀でも（大きくても）、小集団では、発見・工夫は実を結ばない。
ネアンデルタール人の道具（石器）は、いつまでも変わらなかった……。

### ⑹ 直立歩行

チーターや尾長ザルは、高速移動で方向転換等のバランスをとるために尻尾を利用している。しかし、体を大きくしたゴリラやチンパンジー、祖先は、餌を確保するため地上に降りて落下の危険がなくなったため、バランスをとる尻尾を失くした。

＊オランウータンは、彼らと同じように体を大きくしながら樹上に留まり、かつ、落下の危険があるにもかかわらず、尻尾を退化させているが、この理由は、果実や若葉、昆虫等が豊富なボルネオの密林（樹冠）にある。

オランウータンは、ゆっくりと移動しても餌が確保でき、慌ててバランスをとる必要が無いため尻尾を退化させ、代わりに、柔らかな関節や長い腕を凝縮進化させた。

長い尾を維持するにはエネルギーが必要であり、尾を持つメリットが無くなれば、省エネのために尾は必要なくなっていく。

サバンナでは、あっという間に周辺の餌を食べ尽くし雑食化が進む。

そこには、すでに走りに特化したチーターやリカオン等の先輩・諸兄が五万とおり、彼らは低い姿勢で視界が悪いのをカバーするために、鋭い臭覚や聴覚を研ぎ澄ませていた。

いまさらヒヒのように四足移動を選択しても追いつけない。

ガゼルは群れを、監視（情報の共有）と、強力な素早い逃げ脚で身を守っているが、足の遅い祖先は、そうはいかない。

祖先は、このハンディを、一致団結した防衛行動と、手に持った武器で補ってきた。

祖先は、見通しのきく草原で、森で獲得した眼や器用な手と枝にぶら下がった姿勢（直立歩行）を選択した。

臭い（移動の痕跡・時間・地面）をたどる犬の視界は極めて低く狭い。

しかし、祖先の視界は高く広かった。

直立歩行なら、ミーアキャットのように、いちいち背伸びをせず高い視界を確保でき、四足動物よりも数十、数百、数千倍の範囲で食べ物や外敵を見つけることができ、さらに、空いた手に武器（棒や石器）を持ってまとまれば、肉食獣を追い払い、一方の手では獲物を持ち帰ることができた。

指をさせば、場所や獲物が指定できた。

直立は、一石三鳥のメリットをもたらし、毎日、二本足で時には数十キロも歩き、走るようになってくる。

この生活を、数万〜数十万年（数千〜数万世代）続けると、腕は短く足が長い体型（構造系）と、体温上昇を抑える発汗機能（無毛化）が凝縮進化する。

広大なサバンナで、声を掛け合いながら役割分担して狩りをする直立歩行のサル（猿人）の群れが肉食動物を凌駕していく。

二本足のハンディ（のろさ）を支える狼（犬）も、後に現れる。

### ⑺ 道具つくり

道具つくりは人間の専売特許であり、直立歩行によって手が自由になり暇だから道具がつくられたという話があった。

しかし、ティラノの手は、二足歩行で自由だが、それで器用になったのか。

ダチョウの翼は飛ぶ必要がないといって手になるのか。

否である。

ダチョウの翼は、他の用途（断熱やディスプレイ）に使われ、手にはならない。

動物は暇なら何もせず寝るのであり、即、道具つくりとはならない。

道具をつくるためには、精密な立体感覚を持った眼と脳、そして自在に動く器用な手とともに、道具を必要とする情況と、技術を伝承するソフト（同調、序列、役割分担）が必要になる。

これらのソフト（構造系、行動系）は、樹上生活の中で落下を防ぎ、昆虫や果物、木の枝を判別し掴むために数千万年の時間をかけてようやく手に入れた（凝縮進化させた）ものである。

木石等を一定の目的のために加工・利用する行動（道具つくり）の先がけは《巣作り》に見られる。

様々な種（魚類から鳥類・哺乳類）が、様々な材料を選別・加工して巣作りを行っており、人間の専売特許でないのは明らかである。

我々と彼らとの差は、道具を《巣作り》に限定せず、衣食住のあらゆる方面で道具をつくりあげている点にある。

ネアンデルタール人も道具つくりをしたが、一定の段階で止まっていた。

脳は、いくら優れていても、ソフトのために情報を処理する道具にすぎない。

道具が改良されるには、すごい石器や投槍器を評価し、さらなる工夫を促す同調や序列・好奇心が働くブームが起きなければならない。

そのためには、高度な役割分担（専門化集団）が必要で、群れは、少なくとも、１００以上の個体数が確保されなければならない。

大きな群れでなければ、情報の蓄積も道具の改良も進まない。

そのためには、大きな獲物の狩りや火の利用、雑食の工夫等が必要になってくる。

大きな群れでこそ、巨大なマンモスの狩りが可能になる。

脳が、いくら優れていても、一人の天才だけでは改良は進まない。

直立歩行は、犬でも出来る。

狼が、《風が吹けば桶屋が儲かる》式に、様々な偶然が重なって直立し、手が自由になり道具をつくりだす可能性が全くないわけではない。

彼らは、人類と同様に群れ・なわばり・弱い役割分担ソフトと併せ、情報伝達のための聴覚や臭覚を持っている。

しかし、残念ながら、彼らは地上を駆けることを選択し、祖先は樹上を渡ることを選択した。

生命は環境情報をとり込み、構造系と行動系を交互に進化させる。

祖先は数千万年かけ樹上で精密な眼と枝を掴む手足を獲得、一方、狼は、同じ歳月の中、地上で、鋭い嗅覚と地を蹴る強靭な足と、こぢんまりとした肉球を獲得してきた……。

時間は戻らない。

嗅覚では物の形は把握できず、指が無ければ物は掴めない。

狼類が、その手足（構造系）で道具をつくるのは極めて難しい。

巣をつくる鳥（魚もいる）は、巣に適する硬さや長さの材料（枝等）を見極めなければならない。

小枝を木の孔に差し込み、虫を捕らえる鳥も同様である。

小枝を加工するのに嘴や足が利用されている。

しかし、物を掴み加工するのに、手と嘴や足とでは、どちらが便利か言うまでもない。

手を使えば、材料を、あらゆる角度から検討・加工することができる。

嘴で出来ないこともないが、顔の一部である嘴は、一旦は目線を変えなければならず大きなギャップとなる。

これらの構造系（進化）を、いまさら取り替えることなど出来ない。

このため、狼が直立して道具をつくる可能性は限りなくゼロに近づく。

祖先は、樹上生活で道具作りに適した眼と手をつくりあげた後にサバンナに出たのであり、手が自由になったからといって、それが即、道具をつくる器用な手になったわけではないのである。

祖先は、既に森の中で簡単な道具をつくり、木の実を割り、虫をとっていた。

サバンナに出ると、道具の種類は急激に増えていく。

水分を含んだ地下茎を素手では掘れない。穴を掘るシャベルのような道具が必要になるが、道具が増えた最大の理由は狩りにある。

道具なしでは、すばしこい獲物を捕らえられず、食べることも出来ない。

祖先は、肉食獣の鋭い牙や爪、力強い手足に代わる槍や弓矢、斧を発明、厚い毛皮を剝ぎ肉を捌くためにスクレイパー（剝片等）や骨髄を取り出す石核等の道具（木器や骨器、石器）をつくりあげた。

小家族のネアンデルタール人と異なり、大家族をつくる祖先の群れでは、役割分担（専門化、熟練）、道具の改良が進み、それぞれに名前が付けられた。

火の利用は食材を飛躍的に増やし、道具（弓矢等）の工夫はますます進み、人口が増えて祖先の群れ（大集団）は分裂し、地球規模の拡散を始めた。

北では、毛皮を張り合わせる道具（針）で寒冷地仕様の衣服や靴がつくられ、河や海では魚をとる針がつくられ、グレート・ジャーニーを後押しした。

素朴な道具は、洗練された鋭い斧や槍になり、さらに青銅器、鉄器となって、戦闘、狩りの能力を高めていく。

## ⑻ 第3類型（まとめ）

スズメ蜂は、春は女王一匹で卵を産み育てるが、育った子供は、孫悟空が自らの毛を吹いてつくりだした分身のように、女王に代わって様々な役割分担（餌をとり、幼虫の世話、巣の防衛）を始め、女王は産卵専門になる。

狩人蜂は個体で子孫を残しているのに、なぜ、シロアリや蟻、蜜蜂は、役割を分担するようになったのか。

多細胞化からカンブリア爆発（細胞の役割分担）が始まり、マニュファクチュア（作業分担）から産業革命が起こったように、一個体で餌を探し、防衛し、子育てをするより、これを分けたほうが効率的だったからにほかならない。

しかし、役割分担は、簡単にはできない。

役割分担には、群れ（集団）は勿論だが、役割を分担しようとするソフト（本能）と役割を伝える媒体が必要になる。

＊単独行動種に役割分担など論外で、情報伝達も、なわばりを主張する警告（マーキング）

がせいぜいである。

人類が役割分担ソフトを凝縮進化させた時間は、地球の歴史からは、ほんの一瞬にすぎないが、その準備（同調や排斥ソフト）には、途方もない時間とエネルギーがかかっている。

環境が、ソフト（構造系、行動系）を凝縮進化させる。

そして、安定した環境では、変容は進まない。

豊かな実りをもたらす熱帯雨林は、いつのまにか樹も疎らで猛獣がうろつき様々な草食動物が群れる草原（広大なサバンナ）になり、この新たな環境が、人類に変容を促すことになった。

専門化、汎用化には、それぞれメリット、デメリットがあり、強い体があったために絶滅し、弱い体のために別の能力が凝縮進化し生き残ることもある。

そして、祖先は後者だった。

祖先が自ら進んでサバンナに出ていったのか、肉体的に優位なチンパンジーやゴリラとのなわばり争いに敗れ森から追い出されたのかは分からない。

ともあれ、チンパンジーやゴリラは緑豊かな森に留まり、祖先は樹々もまばらな大地溝帯（サバンナ）で生きることになった。

足が遅く大きなサルは、肉食獣にとって格好の獲物となる。

武器を持って周りを窺いながら移動しなければならない。

サバンナの群れは、身勝手な行動は命取りとなる呉越同舟・一蓮托生の群れであり、序列どころではなく、協調（助け合い）が何よりも求められた。


なぜ、祖先は、このような厳しい環境に留まったのか。

サバンナには、草食動物が無数に群れており、運がいいと肉になった。

祖先は、この肉（御馳走）を求めて狩り（役割分担）を始めた。

得られた獲物（大量の肉）は、その場では食べられない。

皆で担いで持ち帰り、解体され、群れに等しく分配された。

いやいやする狩りと、積極的にする狩りとでは、結果に大きな違いがある。

このモチベーションは、平等な分配（見返り）が担保した。

言語は、アンカーとなって役割を伝え、狩り（集中力、忍耐力）を支えた。

祖先の群れ、チンパンジーのような野暮な威嚇をし餌を奪わなくても、役割分担して粋（スマート）に序列や餌を得る群れ（第3類型）になった。

役割を持たずに、群れに留まることはできない。

サバンナではヒト不足で、《役割を持ってナンボ！》の群れでは、《働かざるもの、役割を持たざるものは食うべからず》で是非（言語）を解しない赤ん坊や体のきかない年寄り・病人・怪我人を除き、群れ全員に役割が与えられた。

役割をうまくやれば、一目置かれ、序列も上がる。

祖先の群れは、序列を役割に反映させ、獲物（肉）を分け合う（分配する）という《見返り》によって、群れの帰属（同調のソフト）と排斥の序列ソフトを同時に満たしていった。

役割分担ソフトは、相反する《同調と排斥》の感性を同時に満たた（止揚・昇華）し、《序列をあげてナンボ！》の群れを個人を大事にする《役割を持ってナンボ！》の群れ（第３類型）にした。

進んで役割を引き受けようとする感性（ソフト）が凝縮進化し、船と運命を共にする船長のような責任感・使命感を持った個体までうまれてきた。

立派な役割を持つことが《生き甲斐・絆》になり、役割が無ければ、孤独感、焦燥感、無力感等（マイナスの感性）を発するようになった。

役割を伝える情報媒体（言語）を学習するために幼年期が延びたが、その見返りは絶大だった。

役割分担は専門化（分業と熟練）を促し、その知識・経験は言語によって蓄積・伝達され、狩りだけでなくなわばり争い（戦争）等にも利用されていく。

このソフトと言語によって、我々の子供は、《初めてのお使い》を引き受け、青年は自分探しの旅を始める。

行動を決定（実行）するのはソフト（本能）であり、道具の脳（理性）ではない。

皆が渡り始めれば、ソフトは即、反応、《赤信号、皆で……》となる。

なわばり・序列ソフトは、本来は、《食べ物や番う権利》を得るためだが、たとえ餌が余っていても、属性が異なれば、イジメ・差別を始めてしまう。

排斥のソフトにとって、《ライバルを倒すのは蜜の味》であり、そのためにはソフトの目的などどうでもよく、ただ属性に反応するだけである。


憶測のないチンパンジーは、たとえ手足を失っても憂いなく生きられる。

しかし、我々は、先を考え落胆し、神々にすがり、自らを痛める苦行（役割分担）を始め、自殺までしてしまう。

チンパンジーの目の前の瞬間的記憶は我々よりいいらしい。

これは、仲間より早く餌を見つけ確保しなければならない生活のためであり、役割分担した後に、時間をかけ分配するようになった人類は、この能力（必要性）を置いてきてしまった。

その代わり、人類は、言語を発達させて、現象の本質を固定するアンカーとして利用し、分析・推理能力を高めてきた。

これらの違いは脳（構造系）の問題ではなく、ソフト（行動系）の違いからきている。

ソフト（構造系、行動系）は、環境によって凶にも吉にもなる。

優れた能力があったために環境変化で絶滅し、弱かったためにたまたま、生き残ることもある。

そして人類は後者だった。

祖先の群れは、チンパンジーやゴリラがいる緑豊かな森と決別し、乾燥した大地溝帯（サバンナ）で生きることを選択した。

森で培った枝にぶら下がる姿勢（直立の構造系）は、足は遅いが視界が確保され、食べ物や猛獣を素早く見つけることができた。

木の枝をつかんでいた両手は空き、武器（棒や石）を持ち、獲物を持ち帰ることが出来、指をさせば、対象を指定することができた。

何よりも、新たにつくりあげた一致団結（役割分担）の行動系は、肉食獣を追い払い、罠を仕掛け追いたてる狩りを可能にした。

祖先の足は、やがて手より長くなり、餌（獲物）を探し、数十キロも歩き・走れる構造系（足腰）になる。

鋭い臭覚、強靭な足・牙、スタミナを利用した狩りをする狼の獲物は、兎や弱った鹿や野牛であり、熊などはめったに襲わないが、合言葉（言語）が増え、様々な情報（狩りの方法、群れのしきたり等）を炉端で伝える群れは、巨大なマンモスまで狩るようになった。

祖先の群れでは、《序列をあげてナンボ！》の群れと違い、ただ力があるだけ（自薦）ではリーダーになれない。

群れの命運（食糧・安全等）は、役割を采配するリーダーにかかっている。

リーダーは、思慮深く統率力がある有能な（豊富な経験と実績がある）個体が選ばれ、長老等が補佐し、群れを導くことになる。

狩りがうまくいけば、群れはお祭りになる。

リーダーの世襲は、農耕が始まり、安定して食糧が確保されるまではない。

# 第6章　人類のエネルギー史

## 1　火の利用

### ⑴　富の源泉

現在、地球の大半の生態系（食物連鎖）は、太陽エネルギーを蓄えた独立栄養（植物）生命と、これを餌（エネルギー）とする従属栄養生命によって構成されている。

アダム・スミスは、富を消費財（必需品・便益品）等としたが、エネルギーを利用して増殖する生命にとって、富とは餌にほかならず、スミスの富も全てエネルギーに還元する（置き換える）ことが出来る。

生活必需品である食糧（農・畜・水産物）はもちろん、便益品となる衣料品（綿、麻、絹、毛皮等）、住に必要な家具・木材等も、もともとは太陽エネルギーがつくりだしている。

金・銀、ダイヤ等の装飾品も、ヒトの労働なしには生まれず、その労働も結局は、食糧という太陽エネルギーが支えているのである。

我々にとって富とは、我々の生命活動（ハード及びソフト）に寄与する《全ての物やサービス》であり、そこには、序列を上げ、好奇心を満たすための邸宅や家具、温泉・エステ等のサービス、宝石・書画骨董、変わった動植物等の蒐集まで含まれ、その一つ一つは、相当のエネルギー（食糧、手間、そして、これらと交換できる貨幣）に還元される。

真水は、太陽エネルギーが海水を蒸発させたものであり、文明に欠かせない鉄やコンクリート（鉄鉱石、石灰岩）も、太古に光合成生物が太陽エネルギーを利用してつくりだしたものであり、これらの加工・製造にも、太陽が億年かけて蓄積した化石燃料（石油・石炭）が電力・ガソリン等となって利用されている。

家や家具、電信柱は勿論、ダムから自動車、飛行機等まで、あらゆる《富》は、太陽エネルギーに還元でき、ビルが乱立する先進国と、小さな茅葺き屋根の家しかない途上国では、どれだけエネルギー（富）が利用、蓄積されているかを一目瞭然に示している。

## (2) 火の利用以前

第1類型から、第2類型、さらに第3類型となった人類の赤ん坊は、いつの間にか話を始め、役割を分担するようになるが、ゴリラやチンパンジーの子供は、人類と同じように育ててもそうはならない。無から有は生じないのである。

言語ソフトと、役割分担ソフトが生まれつき備わっているヒトの赤ん坊だけが、いつの間にか言葉を覚え、《初めてのお使い》を始めることができる。

ヒトの群れでは、サルでは相手にされなくなる年寄りが、知識・経験を持った長老として尊敬されてきたが、技術革新が日進月歩の現代では、年寄りは無視され、ややもすれば、アバウトな情報しか伝達しないチンパンジーの群れと同じ扱いを受ける不幸な時代となった。

若者は目の前の欲望に追われ、老いによって得られた知恵（経験）に耳を貸そうとはしない。

生命は成長し子孫を残すために、餌（エネルギー）が必要である。

しかし、餌は、向こうからやって来てはくれない。

食物連鎖の中で、餌（エネルギー）は、逆に逃げようとする。

餌（エネルギー）を得るには、水の落差を利用するためにダムや水車が必要なように、なんらかの《仕掛け（投資）》が必要となる。

有機物を利用する仕掛け（ミトコンドリア）を持った従属栄養生命は、より効率的に餌（エネルギー）を確保するために、様々な仕掛け（ソフト：構造系、行動系）をつくりあげる。

カミツキ亀は、餌を捕るために疑似餌をつくり、チーターは、牙や疾走能力というソフト（仕掛け）によって獲物を狩る。

そして、獲物がもたらすエネルギー（見返り）は、仕掛けに費やすエネルギーより大きくなければならない。

何日もかけて、ネズミ一匹しか狩れないようなチーターは、育児が出来ないばかりか、自らも飢えて死んでしまう。

生命は、《株を守る、柳の下のドジョウ、藁しべ長者》のように、小さなエネルギー（投資・労力）でより大きなエネルギーを獲得していかなければならない。

獲物は、いつ手に入るかどうか分からない。

このため、クマや鯨、ペンギン等は、獲物を脂肪に変換して何カ月もの絶食に備え、植物も砂漠では多肉植物（サボテン等）となって水を貯える。

生命は、不測の事態に備え、エネルギーを貯蔵し、明日に備える。

蓄えたエネルギーが、再び餌（エネルギー）を得るための行動エネルギー（元手）となっている。

この生命共通の貯蔵機能（ソフト）が、人類では、後々、大化けすることになる……。


言語と役割分担ソフトによって情報を蓄積していく祖先は、千年、万年たっても変わらない動物を次第に凌駕していく。

とはいえ、祖先の狩猟採集生活の進歩は遅々たるもので、何万～何十万年も、日常の大部分は、自然（食物連鎖）に点在する餌の確保に費やされていた。

しかし、この生活は、《火の利用》によって一変する。

### (3) 最初のエネルギー革命（火の利用・動物の生活からのテイクオフ）

祖先は、他のサル類と同様、大自然の食物連鎖の中で生の動植物を餌（エネルギー）として生きていたが、ある仕掛けによって、途方もないエネルギーを手に入れる。

落雷、噴火、自然発火による火災を何度も見てきた祖先は、火（光や熱）がもたらす大きな効用を学習していた。

火種を持ち帰り、暖房や食材の加工、明かり等に利用するようになるのに時間はいらない。火の利用は着実に進んでいったが、貴重な火種（囲炉裏）を守るのが群れの大事な役割だった時代が何十万年も続く。

発火技術は簡単に開発されない。

しかし、発火現象をつぶさに観察していた祖先は、硬い石と石がぶつかると火花が出ることを発見、また、別の祖先は、枯れ木と枯れ木を擦ると木が焦げて煙が出ることを発見する。

この発見を受けて、火花や木と木の摩擦熱を利用して火を起こす大天才が出現、この画期的な発火技術（仕掛け・ハイテク）によって、人類は、莫大なエネルギーを、囲炉裏から離れた移動中でも、利用することが出来るようになる。

牙や爪、翼等に匹敵する仕掛け（石器や弓等）の発明も、大変な見返り（エネルギー）をもたらしたが、この発火技術とは比較にならない。

なにしろ、火の材料となる薪（枯れ木、枯れ枝）は移動先の至るところにあった。

伝説のミダス王は触れるもの全てを黄金に変えたが、火は、燃えるものすべてをエネルギー（光と熱）に変えてくれる。

人類は、菌類やシロアリしか利用しない膨大な量の枯れ木、枯れ枝（太陽エネルギーの残滓）を、移動しながら熱・光として利用するようになり、利用エネルギーを、何百、何千倍にも拡大する。

人類最初のエネルギー革命、すなわち、火の利用は、発火技術の発明によって完成し、《高エネルギー生活への移行》が本格化する。


火起こしのような高度な技術の伝達に、言語は欠かせない。

見よう見まねで伝わる《イモ洗い》とは次元が違うのである。

発火技術や弓矢、石器製作等の重要な技術は、言語を使った手とり足とりの指導（教育）によって伝承されていく。

火は、濡れて冷えた体を温め、乾燥させ、闇を照らし、猛獣から身を守ってくれるとともに、口に入る餌、すなわち、食材を劇的に拡大する。

有毒で硬くて消化できなかった植物も、定住化が進んでつくられるようになった土器（煮炊き）により、柔らかくて美味い栄養豊富な食べ物に変わり、肉や魚も加熱されて食べやすくなり、余れば燻製として保存されるようになる。

火は道具等の加工にも威力を発揮し、弓はより強く締まり、矢は真っ直ぐに伸ばされる。

煮炊きは、殺菌にもなった。

群れの中心には火（炉端）があり、土器が置かれて湯が沸かされ、団らんの場となる。

そこでは、今日の反省、明日への役割分担等、様々な経験・知識が言語によって話され、歌われた。

火の利用によって、人類は日の出とともに起き、日の入りとともに眠り、生ものしか食べない自然の食物連鎖（エネルギー循環）、すなわち獣（動物）の世界から抜け出し、サルからヒトへの一歩を歩み始める。

食べ物がなく闇に震えていた猿の一種（類人猿）は、火がもたらす快適な環境（食糧、衛生、居住、防衛等のメリット）によって、人類最初の人口爆発を引き起こす。

個体数を増やした群れは分裂し新たな土地（なわばり）を求めて移動・拡散を始める。

新天地（フロンティア）を目指す冒険の旅であり、寒冷地への移動（旅）は火が支えた。

しかし、ようやく得た新天地でも、やがて、子や孫ができ、徐々に過剰人口をかかえた大きな群れとなり、再び分裂、移動が必要になる。

この分裂、移動の繰り返しは、波紋のように地球全体に広がっていく。

人類（マンモス・ハンター）の地球規模の移動、拡散（グレート・ジャーニー）である。

人類は、移動と世代交代を重ね、様々な亜種（人種、民族、言語等）をつくりあげていく。

しかし、この拡散も、およそ2万年前の南米南端到達により終焉を迎えることになる。

アフリカに始まりヨーロッパ、アジア、北米と移動・拡散してきた人類は、南米南端に到達すると、それ以上の拡散出来る余地（新天地）はなくなり、シャーレいっぱいに増殖した菌のように、人口爆発（グレート・ジャーニー）も終了する。

地球は、人類がつくりあげたなわばりで覆われ、それまで拡散を前提としていたゆるやかななわばり（テリトリー）は消滅し、なわばりを守る厳しい争いがはじまり、広大な移動を前提とする狩猟採集生活は辺境に追いやられる。

人類は、南米南端到達によって数万年続いた地球規模の拡散（グレート・ジャーニー）を終え、新たな時代（なわばり、すなわち領土主張の有史）に突入していく。

## 2　農業・牧畜革命

火は、闇夜を照らして祖先を獣から守り、焼く・煮炊き・薫蒸等により食材（栄養源）を劇的に拡大し、濡れた冷たい身体を温めて消毒にもなり、さらに様々な物の加工を助けた。

祖先は火のエネルギー（熱と明かり）によって、それまでの獣（サル）の生活（食物連鎖）から抜け出し、炉端を囲むヒトの生活を始める。

炉端では様々な経験・知識が語られ、情報量を増やしていく。

人類は、火のエネルギー（生活環境の改善）によって最初の人口爆発を起こし、増殖した群れは、新たな狩り場を求め地球規模の拡散（グレート・ジャーニー）を始めた。

火と飛び道具（弓矢、投槍器等）というハイテクを駆使するマンモス・ハンターに、もはや敵はいない。

警戒心のない新天地の動物は、この貪欲な外来種によって絶滅に追いやられる。

人類は、地球規模の拡散の中で世代交代を重ね、様々な人種・言語をつくりだしていった。

しかし、この旅も、南米南端到達で終焉を迎える。

地球いっぱいに広がった人類に、新たななわばり拡散の余地はなく、広大な自然を思うままに移動する狩猟採集生活は、もはや期待できない。

人類は、既存のなわばりの中で、増えた人口を抱え生きなければならなくなった。

限られたなわばりでは、現状維持が精一杯で、人口爆発は終わり、停滞期に入る。

人類の脅威は大型肉食獣ではなく、なわばり（テリトリー・領土）を争う同じ人類となっていく。

## ⑴ 農業・牧畜革命

定住（同じなわばりの中で狩猟採集）をしていれば、肉食獣も獲物も急激に減ってしまう。

餌不足に備え、祖先は狩猟採集した動植物を、全部は食べず、大事に保存するようになり、やがて家畜・家禽の繁殖や肥育、野菜・果樹・穀物等の栽培に発展していく。

日本の縄文時代（森）では、栗やクルミ、栃の実、サケ等を収穫、保存して冬に備えていたが、世界では、大河の周辺で、それまで見向きもされなかった草の種子が注目されていた。

麦、米等の種は、刈り取って集めると、粒は小さいが結構な量になった。

これらは、殻（籾）が硬いうえ、生では消化できないが、脱穀し火を利用して調理（蒸したり焼いたり）すると、美味くて、栄養豊富な食べ物に変身した。

祖先は神に感謝し、実入りのいい米・麦・大豆・トウモロコシ等を積極的に育てるようになる。

穀物（種）は、肉や野菜と異なり長期保存がきき、あわてて分配する必要もない。

危険で、ギリギリの食糧がつくりだした狩猟採集生活の平等な分配（人権の始まり）は、莫大な農畜産物により、序列優先で分配されるようになる。

野菜、果樹も栽培され、余った野菜や藁等は畜産にも利用される。

農業（耕す）という《仕掛け》は、狩猟採集と較べ手間（労力）がかかるが、莫大な収穫（エネルギー）を確実にもたらして冬期の飢えを解消、急激に人口を増加させる。

火の利用に続く第二の人口爆発である。

序列優先の分配から王侯・貴族がうまれ、大きな家、重い家具に囲まれた贅沢な生活を始め、農畜産物（富）を元手に大規模な開墾、灌漑（インフラ整備）を行い、ますます豊かになっていく。

狩猟採集生活では、必需品（塩や黒曜石等）の交換が細々と行われていたが、農耕の様々な農畜産物によって、市や都市（人口密集地）ができ、農業・牧畜に直接従事しない様々な職業（商人や職人等）や富裕層がうまれる。

農耕ができない草原では、乳や肉等を得るため、羊・馬等の放牧が行われ、大切な農地を守るために、なわばり争いはますます熾烈になり、人類は、都市・国家間の大規模な戦争（有史）の時代に入っていく。

## (2) 農業の意義（降り注ぐ太陽エネルギーの独占）

農業は、山林・原野・湿地等を開墾して農地・果樹園等にし、人類に有用な植物（穀類・野菜・果物・果樹等）だけを栽培する技術（仕掛け）である。

大自然の食物連鎖の中では、様々な植物が等しく太陽エネルギーの恩恵を受けるが、農地等では、特定の植物が太陽エネルギーを独占し、その他の植物は雑草として排除される。

＊牧畜は、人類が消化できない草（太陽エネルギー）を、家畜を介在させることによって食用可能な肉や乳に変える技術（仕掛け）である。

農地は、有用植物を太陽光パネルとして利用する食糧基地（仕掛け）となる。

人類は、米・麦等を介して、直接太陽エネルギーを利用する独立栄養生命のようになり、何百～何十万年続けてきた野生の自然（食物連鎖）に頼る獣（従属栄養生命生活）から離脱する。

地球は、次第に農地（太陽光パネル）で覆われるようになり、最初の環境破壊が始まる。

それまで、自然（食物連鎖）の恵みをともに享受していた他の生命（植物・昆虫・鳥獣）は、農耕・牧畜によって、雑草、害虫、害獣として追われていく。

## (3) 農畜産物の独占（分配と格差）

この世から農畜産物が消えたら、我々はどうやって生きていくのか。

我々の食卓の大部分は、農畜産物で占められている。

今では、天然で、ある程度供給できるのは、漁業だけであり、食卓から穀物、野菜、果物、肉が消えれば、少なくとも、人口は、千分の一〜万分の一になり、現在の都市は全て消滅してしまう。

現在の食生活は、農地を介して独占した《太陽エネルギー》によって支えられている。

狩猟採集生活の時代では、自分だけという利己的な行動は許されなかった。獲物を平等に分配することによって、狩り（役割分担）が維持されてきたのである。しかし、莫大なエネルギー（農畜産物）により、隠れていたエゴ（我儘・序列ソフト）が顔を出してくる。

種子である穀物は、すぐ腐ってしまう狩猟採集時代の生の食べもの（肉）と違って、独占、保存することが出来る。

農畜産物は権力（序列）に従って不平等に分配され、貧富の差がうまれ、狩猟採集生活がつくりあげてきた絆（平等）を断ち切っていく。

狩猟採集生活でものを多く持つことは移動の邪魔になるが、農耕・定住生活が始まると、多くのもの（富・エネルギー）を貯蔵することが高い序列（順位）の証になった。

余剰農産物（富）の独占から格差（王侯・貴族等の権力者）が生まれ、権力者は、この富を背景に、さらに序列を上げ、好奇心をみたすために、軍（傭兵等）を抱え、税という掟をつくってますます豊かになり、きらびやかな衣装・装飾品を身につけ、贅沢な食事をし、美女や見事な彫刻・調度品で囲まれた巨大な宮殿で生活するようになる。

文化・文明の始まりである。

ギリギリの食糧（富）、狩猟採集生活の平等な分配からは文化・文明はうまれない。

文化・文明は、莫大な農畜産物（農耕・牧畜）を独占した王侯・貴族が、その富（余剰）で高エネルギー生活をつくりあげた結果うまれた。


古代ローマ文明の大規模な道路や上下水道、闘技場、浴場等、そして、これらインフラを享受する贅沢な生活は、征服地（属州）からもたらされる大量の富（農畜産物や奴隷等）が支えていた。

農畜産物がもたらした人口増は、この文明の新たな役割（職業・労働者）に吸収された。

狩りに必要な平等な分配は無くなったが、役割を分担して見返り（分配）を得るというやり方はソフトがあるかぎりなくならない。

何がしかの役割（仕事）をして報酬（サラリー）を得る、今日の労働者の生活である。

整備されたインフラ（道路や港湾）は流通を活発化させ、古代文明の経済成長（高エネルギー生活への移行）を後押しした。

古代ローマの贅沢な暮らし（高エネルギー生活）は、のちのちの、権力者・富裕層の憧れ（見本）となる。

皇帝は、市民や属州の支持を得るために様々な娯楽を提供した。

## (4) 市場（エネルギーの交換）

狩猟採集生活では、必需品（塩や黒曜石等）が主に交換されていた。

交換は、互いに、交換物に要した生産・移動・品質向上等の手間（労働のエネルギー）が前提（目安）で、あとは、需要と供給の駆け引きによって取引される。

＊元手（要したエネルギー）を割っての交換は、損をするため、再生産には結び付かない。

生命は、少ないエネルギー（仕掛け・元手）で、より多くのエネルギーを得、これを利用して成長・増殖する存在なのである。

しかし、農業・牧畜が始まると市場ができて、必需品以外のもの（上等な衣料・化粧品、アクセサリー等）とも交換されるようになり、生活が向上していく。

物々交換では、持っていったものが交換したいものと一致しなければ交渉は成立しない。

穀物を肉と交換したいが、肉屋の欲しいものが果物だった場合は、ミスマッチで交換は成立しない。

肉屋は、肉は保存がきかないため早く売りたくても交換できず、一方で、肉が欲しいが果物がないため、目の前に肉がありながら交換出来ず、重くかさばる麦を運んで、穀物が欲しい別の肉屋を探さなければならない。

この互いの不都合・不便（保存性・移動性）を解消する工夫が市場でうまれる。

顔見知り（信用力）の間で、麦・肉・果物何キロといつでも交換できる媒体（約束の証・磨かれた貝等）によって、ミスマッチがあっても、これを介して欲しい物があれば交換できるようになる。

このミスマッチを防ぐオールマイティの交換媒体が、貨幣の始まりとなる。
＊インカやマヤでは、カカオが貨幣の代わりになった。
貝等は、やがて権力が保証する希少金属でつくられる《貨幣》となり、あらゆるものに値段（価格）が付けられ、一定量の貨幣を介して、いつでも交換（売買）されるようになる。

手間がかからず大量にとれる物（商品）は安く交換され、手間がかかり、数が少ない商品ほど多くの貨幣と交換されるが、元手（原材料費＋手間）は確保されなければならない。
＊元手との差が利益となり、再生産や生活のために利用され、投げ売りは廃業につながる。

商品には元手（原材料費＋手間）に利益が上乗せされている。

原材料には、自分がつくっても、購入するにしても、一定の手間がかかっている。

さらに、その加工や移動にも、再び手間（労働エネルギー）が必要で、そのエネルギーを補うには食べ物を摂らなければならない。

食べ物は、農畜産物等であり、太陽の光熱エネルギーと人の手間（農耕等の労働エネルギー）が詰まっている。

元手は、全て、太陽エネルギーに還元することが出来る。

貨幣は、つまるところ、この一定量の太陽エネルギー（手間、農畜産物等）と交換できる流通媒体ということになる。

人類は、貨幣を通して、太陽エネルギーを交換するようになった。貨幣を利用する交換は、バーチャルの太陽エネルギーの交換であり、貨幣の蓄積は仮想の太陽エネルギー（富）を蓄積していることになる。

生命にとっての富とはエネルギーであり、祖先は、そのエネルギーを貨幣に収束させた。仕事（労働）はエネルギーの消費であり、そのエネルギー量に応じた貨幣と交換されるようになる。

王侯・貴族は、税等として集めた農畜産物等（太陽エネルギー）を何とでも交換できるオールマイティの貨幣にして蓄え、様々な用途に変換し、文明（贅沢な高エネルギー生活）を築いていった。

贅沢品の価格は買主の財力（ポテンシャル）と欲望（必要性）の高さによって決定され、稀少性の高い物はセリ（オークション）により、元手のエネルギーとは比べものにならない高値が付くようになる。

今日、ゴッホの絵は、その元手（原材料費＋手間）とは隔絶した高値が付けられるが、その値には、何とでも交換できる莫大な余剰エネルギー（富）の蓄積が背景にある。

狩猟採集生活の物々交換では富（エネルギー）の集積は起こらないが、農耕革命の莫大な太陽エネルギー（農畜産物等）は一定量の貨幣（バーチャルエネルギー）に変換されて蓄積され（富となり）、物流を促し、文明経済圏をつくりあげる。

農耕がもたらした莫大な余剰エネルギーは、世界各地に文明をつくりあげた。

しかし、いつまでも余剰は続かない。

ローマの繁栄を支えた大量の農畜産物も、やがて人口増や軍事費に吸収されて、文明（高エネルギー生活）は維持できなくなり、領土も縮小、分裂し、一部の王侯・貴族だけが贅沢をし、庶民は生活するのがやっとという中世（封建社会）に移行していく。

農耕・牧畜（農畜産物）は、お天気（降り注ぐ太陽エネルギー一年分）次第である。

水力、風力の利用や、農法の改良（三圃式農業等）、農地の開墾も進み、収穫も少しは増えるが、結局は人口増加に吸収される。

ギリギリまで人口が増えれば、少しの天候不順でも飢餓につながり、さらに、疫病が追い打ちをかけるといういたちごっこの時代が続く。

収穫（祭）が最大の喜びとなり、限られたエネルギーを少しずつ分け合う様々な職業（役割）が生まれる。

ヨーロッパの中世（生活・文化）は、キリスト教によって支えられていた。

## 3　交易と産業革命

生命（基本機能：ハード）は、エネルギーを利用して増殖するために様々な仕掛け（ソフト・構造系及び行動系）をつくりあげてきた。

《株を守る》のウサギのように、餌が向こうから勝手にやってくることはない。

冬の餌（エネルギー）不足に備え、リスは木の実を、熊は脂肪を蓄える。

全てのエネルギーを使い切っては、来るべき春に行動出来ない。

宝くじに当たるためには、一枚は買わなくてはならず、狩りを成功させるには、狩りをするエネルギー（脂肪等の元手・蓄え）がなければならない。

餌（エネルギー）を得るには、仕掛け（構造系、行動系のソフト）が必要だが、その《仕掛け》をつくるにもエネルギー（呼び水・元手）が必要なため、生命は、常にエネルギーを貯蔵しようとする。

エネルギーの貯蔵のソフト（構造系、行動系）である。

構造系のソフト（仕掛け）を凝縮進化させるには大変な時間とエネルギーが必要だが、行動系のソフトは、魚の餌付けのように、《情報を記憶する脳》があれば容易に変えることができる。

情報伝達種は、この脳によって餌や危険等の最新情報を伝え大きな利益を得ている。

しかし、《行動系》を変えるといっても、《日本ザルのイモ洗いやチンパンジーの蟻釣り》のような微々たる変化（伝統）が精一杯で、劇的な変化は難しい。

ところが、人類は、言語と肥大化した脳により、火の利用や農耕という劇的な仕掛け（行動系）を、地球時間的には瞬時と言っていい時間で種全体に普及させた。

人類は、さらに、農耕によってうまれた有形・無形のエネルギー（農畜産物や労働・サービス等）を、信用（信頼）によって貨幣に閉じ込め、物流を促進させるようになった。貨幣は、貯蔵のソフトによって脂肪のように蓄えられ、新たなエネルギーの呼び水（資金）となる。

＊この脂肪（資金）の有る無しが、投資、すなわち、新たな仕掛けを整備し、より大きな利益（エネルギー・富）を創出し経済発展できるかどうかの鍵となってくる。
　余剰エネルギーの利用である。

**＊火の利用、農耕・牧畜のおさらい**

名もない大天才の発明（発火技術）によって、シロアリやキノコしか利用できなかった枯れ木・枯れ草（太陽エネルギーの残滓）が光と熱に変換され、人類の生活は劇的に変化した。

枯れた草木はどこにでもあり、祖先は、火の利用により、それまで何百〜何十万年続けてきた生の餌を食べ、闇に怯えて眠る獣の暮らし（食物連鎖）から脱け出すことになった。

焚火は、煮炊き等により食材を劇的に拡大、冷えた体を温め、夜の活動を可能にした。

人類は、火の利用によって、最初のエネルギー革命（高エネルギー生活への移行・テイクオフ）を起こし、火がもたらす優良な環境（衣食住）により、最初の人口爆発を起こす。

群れは大きくなり、分裂・移動が必要になる。

祖先は、シャーレで培養される菌のように、新天地を求めて地球規模の拡散（グレート・

ジャーニー）を始め、その移動の過程で、様々な人種、言語をつくりだしていった。
しかし、この拡散の旅も南米南端到達で拡散の余地が無くなり、人類は、既存のなわばりの中で、増加した人口を養わなければならなくなる。

なわばりが拡大出来なくなった祖先は、食糧を貯蔵（ストック）し、これを増やす工夫を始める。農耕・牧畜であり、旨くて収穫が多い穀物・果物・野菜や、飼い易い鶏、羊、豚、牛等が養育されるようになる。

農業は、降り注ぐ太陽エネルギーを、特定の植物（太陽光パネル）を介して独占するものであり、農地は人類最初の発電施設となる。

新たな仕掛け（農耕）には、開墾や施肥、防除等の手間（投資）が伴うが、狩猟採集とは比べものにならない収穫（食糧・エネルギー）を定期的にもたらした。

農作物が育たない草・高原では、羊や馬等を介して太陽エネルギーを吸収する牧畜が行われるようになり、それまで共存していた生き物（狼、熊等）は、害獣となって追い出され、地球規模の環境破壊（特定植物しか生きられない農耕地の増加）が始まる。

農畜産物が余るようになると貧富の差がうまれ、市ができて、様々な必需品・贅沢品と交換され、王侯・貴族の贅沢な生活が始まる。

火の利用に次ぐ第二の高エネルギー生活への移行（テイクオフ）であり、人類は、新たな太陽エネルギー（農畜産物・富）によって、二度目の人口爆発（数百倍）を起こした。

余った農畜産物を交換したいが、物々交換では、交換したいものが互いに一致しなければ交換できない。

この不便を解消するために、信用により、何とでも交換できるオールマイティの交換媒体（貨幣）がつくられた。

交換媒体は、特定の貝や布等だったが、やがて、信用を背景に、小さく持ち運びが便利で腐らない硬貨がつくられる。

貨幣は、農畜産物以外のエネルギー（もの・サービス）と交換され物流を促進していく。

貨幣は、《太陽エネルギーの単位》であり、血液のように流れ経済活動（エネルギーの流れ）を支えていく。

王侯・貴族（権力者・富裕層）は、農畜産物等とともに貨幣を貯蔵し、自らのソフト（本能・欲望）を満たすために利用するようになる。

貨幣は、軍隊や技術者等を雇い、巨大建築物をつくり、彫刻、絵画、宝石等と交換され、さらに美女を侍らせ贅沢な暮らし（高エネルギー生活）を支え、古代文明をつくりあげる。

市場では、要した元手（手間）以上のエネルギー交換（等価）が基本だが、広域経済になると、需要と供給のバランスによって交換されるようになる。

さらに、稀少品（宝石・書画・骨董等）になると、買い手が保有する富と欲望の大きさによって、実際にモノをつくる、又は集めるために必要なエネルギーと大きく乖離した値がつくオークション形式になっていく。

食うや食わずの生活では、ダイヤモンドよりも一切れの肉の方が価値があるが、食糧が余れば、ダイヤは稀少品になり、序列や好奇心を満たすために大きな価値を持ってくる。


古代ローマは、勃興期こそ属州や征服地からもたらされる大量の余剰エネルギー（農畜産物や奴隷）によって文明（高エネルギー生活）を築いたが、増産や征服が無くなれば文明（高エネルギー生活）は維持できず衰退が始まる。

毎年決まった農畜産物（太陽エネルギー）で暮らしていかなければならないゼロ成長（自給自足）の中世に移っていく。

中世は、序列（身分）によってエネルギーを分配する封建社会となる。

王侯・貴族等は農畜産物（富）を税として集めて、なんとか優雅な生活ができるが、庶民はギリギリの生活を強いられる。

中世のエネルギーは、降り注ぐ太陽エネルギーがつくりだす農畜産物、薪炭、風水力、牛馬等であり、より多くのエネルギー（富）を得るために効率的な農法（三圃式等）が生まれる。

鬱蒼としたヨーロッパの森は次々と切り開かれて消滅、その間、新たな情報（活版印刷や錬金術、熟練等で培われた知識・技術）がマグマのように蓄積され、次の時代の用意をしていく。

## ⑴ 大航海時代（移転による利ザヤ稼ぎ）

塩害で農作物がとれない地方では、塩は、ありふれて邪魔な存在だが、塩のとれないところでは、貴重な必需品（ミネラル）になる。

貨幣（エネルギー・脂肪）を貯め、これを元手に塩を集めて、塩のない地方に持って行き農畜産物等と交換すれば、莫大な利益（儲け・富：エネルギー）が得られる。

沈滞していたヨーロッパ中世は、十字軍の遠征を契機に宝石や絹織物等の東方貿易が活発化、中でも胡椒は肉料理に欠かせなくなり、金と同じ重さで売買されるようになる。

太陽の周年（一年分）エネルギーに留まっていた自給自足の閉鎖経済（重農主義）は、遠隔地間の交易という仕掛けによって、富（エネルギー）を得る開放経済（重商主義）に向かう。

利益を独占するイタリアやイスラム商人を経ず、直接、産地（インド等）と取引し利益を得ようとする動きがポルトガル、スペイン、そしてオランダ、イギリスへと広がっていく。

帆船をつくって交易する《仕掛け》には、大きな資金（元手）が必要であり、金融業者や王侯等のパトロンだけでなく、市民が出資する株式会社等がつくられる。

この元手（資金）で大船団がつくられ、アジアや新大陸の富（金銀、香辛料、ジャガイモ、トウモロコシ、トウガラシ、トマト、タバコ等の嗜好・特産品、そして奴隷）を交易する大航海時代が始まる。

＊働かず（役割分担せず）に利息（見返り）をとる金融は、キリスト教では戒められていたため、ユダヤがその利益を独占し巨大金融資本に成長、イギリス、ドイツ、アメリカ、そして日本等に出資、莫大な富を得、世界を動かすようになる。

新大陸からもたらされたジャガイモ等のエネルギーによって、ヨーロッパは人口を増やし、大航海時代の覇者となった英国では、インドからの紅茶や香辛料、軽くて柔らかく温かい綿布が大人気（キャラコ熱）となるが、大航海時代は、伝染病もまきちらし、アフリカや新大陸の人口は激減する。

### ⑵ 産業革命（英国）

きらびやかな衣装は、様々な工程を経てつくられる。

原料の確保から染色、機織り等を一人でやるのは極めて非効率のため、役割を分担して生産する分業体制（マニュファクチュア）がつくられていた。

英国は、毛織物を、この工程で生産していたが、キャラコの需要を受けて綿を織り始める。効率的な紡織機が発明・改良され、その動力も、川のほとりの水車（水力）から、蒸気機関の発明によって、どこにでも設置できる石炭（火力）に変わっていく。

人類は、火の利用（数年分の太陽エネルギーの残滓）、農耕・牧畜（特定の動植物を介した一年分の太陽エネルギー独占）と新たな太陽エネルギーを得てきたが、産業革命により、数千万年かけて蓄積した太陽エネルギー（化石燃料）の利用を始める。

莫大な太陽エネルギーが、蒸気機関という仕掛けによって解放され、太陽の周年（一年分）エネルギーに止まっていた自給自足の木造（農業）の社会は、鉄（機械化）の社会に変わっていく。

それまで鉄は木炭を燃やしてつくられていたが、鉄（機械）の需要が高まり森林が伐採し尽くされると、莫大な化石燃料（石炭）が製鉄に利用されるようになる。石炭（を蒸したコークス）によって鉄が大量生産され、様々な機械になっていく。電信で情報が伝わり、インフラ（鉄道、運河、港湾）が整備され、蒸気機関車や蒸気船が、大量生産された安価な商品を世界各地に運ぶという大量消費社会（物質文明）の幕が開く。

### (3) アメリカの発展

南部の奴隷農園と北部の小さな機械工業、捕鯨（灯油）に頼っていたアメリカに、金（ゴールド）や広大な土地を目指して一攫千金を夢見る大量の移民（人的エネルギー）が流入し、やがて、大陸を横断する鉄道が敷設され、イギリスで生まれた鉄鋼業が大きく成長していく。アメリカでは、エジソンの電球・蓄音機・動画撮影機を筆頭に、電気を利用する画期的な便利製品（掃除機やレンジ・冷蔵庫・空調機等）が次々と発明され、さらに、フォードが分業（役割分担）により安価なガソリン自動車の生産を始めると、化石燃料は、それまでの石炭から石油に大きく転換していく。

我々、動物は、移動しなければ生きていけない。

馬車に乗って出かけられれば最高だが、そんな生活は、広大な牧場や厩舎を持ち、馬の世話をする召使（厩務員や御者等）がいる王侯・貴族等にしか許されなかった。
ところが、フォードの大衆車は、広大な土地や多くの召使なしで、簡単に移動でき、荷物も載せられる超便利商品だった。

移民の目の前に、豊かな生活を約束する様々な便利製品、そして、自動車等があった。
どうでもいい商品なら無視でき、買わなくても我慢できるが、これらは、新大陸では、借金（クレジットやローン）してでも欲しい（買いたい）商品となり、つくればつくるほど売れて、化石燃料を利用する新たな文化（高エネルギー生活への移転）が生まれる。

便利商品、特に自動車は、様々な部品からつくられるため、新たな雇用（広大な裾野・工場）をつくりあげて大量の移民を吸収、巨大な石油資本（重化学工業）とともに、部品の製造・組み立て・販売・整備、道路敷設等の企業（役割）が大きく成長していった。

便利製品によって余暇がうまれると、人々の興味・関心は、旅行（観光）や観劇（ブロードウェイ）、映画（ディズニー、ハリウッド）、さらに様々なスポーツ観戦、カジノ等に向かい、現代物質文明（アメリカンドリーム）がつくりだされた。

古代ローマでは、広大な属州からの大量の富（農畜産物や奴隷）がインフラ（道路、上下水道）や、贅沢な食事や様々な芸術、大邸宅や大浴場やコロセウムがある文化・文明（高エネルギー生活）を築いたが、現代アメリカでは、莫大な化石燃料が物質文明をつくりだしている。

インフラは電力施設、鉄道・道路網となり、馬車やガレー船に代わって自動車や大型船舶が走り、奴隷に代わって便利商品が余暇をうみだし、レジャーランド、球場、映画館、美術館や旅行等が、その余暇を埋めている。

### (4) 成長の限界

経済成長（高エネルギー生活への移転）は、その鉱脈（ゴールド・ラッシュ）が尽きるまで、すなわち、石油・電気を利用した便利製品の普及が一段落するまで続く。

化石燃料は、生活資材（プラスチック等）にもなって身の回りに溢れ、コンクリートやアスファルトは地表を覆い、鉄橋、港湾、空港等のインフラをつくり、ガラスで覆われた高層ビルを雨後のタケノコのように立ち上げ、安息の夜をネオン瞬く不夜城に変えている。

億年かけて蓄積した莫大な太陽エネルギー（化石燃料）は人類の消費エネルギーを何十、何百倍にも増やし、王侯・貴族・富豪にしか許されなかった快適な高エネルギー生活を庶民にもたらし、同時に、人口を爆発させ、地球環境を破壊している。

便利商品を手に入れ、高エネルギー生活を実現すれば、それ以上の新たな需要（購買力）は期待できず、あとは、買い替え等の時期まで待たなければならない。

経済成長の初期こそ、我々の欲望（稀少性、利便性、見栄等）に火が付き、多少無理をしてでも便利商品を買おうと経済の好循環がつくられるが、これらが一応手に入れれば、ソフト（欲望）は沈静化し、その生活が当たり前の高原状態（現状維持）の時代になっていく。

古代ローマも、帝国の拡大期こそ、大量の農畜産物と奴隷は余剰エネルギーとなって、ローマに《パンとサーカス》の文化・文明をもたらしたが、やがて、帝国が維持から縮小に転じると、農畜産物や奴隷の供給も減少し、人口増加等に織り込まれて《余剰》とはならなくなり、次第にローマは衰退、やがて太陽の周年エネルギーで自給自足する中世（循環社会）に入っていった。


しかし、現代の化石燃料（エネルギー）は莫大なため、古代ローマのように直ぐには衰退せず、高エネルギー生活は維持され、他国にも広がっていく。

その結果、先進国では高エネルギー生活を織り込み、人口爆発と経済成長に歯止めがかかっているが、途上国では、人口爆発と経済成長、そして環境破壊が止まらない。

これに拍車をかけているのが、産業革命後に成長した資本である。

### ⑸ 経済循環

富を求める資本は、化石燃料を利用する新たな《仕掛け》で様々な役割（産業・雇用）を創出する一方で、過剰生産・投資で、商品が売れない不況もつくりだすことになる。

端境期や買い替えのように好況と不況が穏やかに繰り返されるならいいが、経済が過熱し、先行き不安が広がると、元手（資金）を確保しようと過剰反応（株の投げ売り・パニック）が起こり、銀行閉鎖、企業倒産の連鎖で、貨幣（エネルギー）が循環しない経済の心不全状態（恐慌）になる。

戦前の日本は、この経済収縮（世界恐慌）の煽りを受け、必要な資源（エネルギー等の元手）が入らず、ものをつくって売って差益（エネルギー）を得る貿易が出来なくなった。やむなく、独自の資源を求め海外進出（大東亜戦争）を始めたが、そもそも元手（資源）が無ければ、いくら自己犠牲の役割分担をしても勝てるはずがなかった。

戦後の日本は、アメリカを真似て石油エネルギーへのシフト（経済成長）に成功したが、資本主義（過剰生産・過剰投資）のツケ（バブル崩壊）は、やはり、やって来た。

インフラ整備等が必要な経済成長（高エネルギー生活の普及）は、国単位の行動系ソフトの凝縮進化であり、この進化は、見返りが期待できる国かどうかによって異なり、資源国や大人口で安定した政治体制の国は容易に経済成長するが、これらが無い国は、とり残される。

企業はゴールド・ラッシュ（需要）が期待できる大きな鉱脈（かつては中国、今はアフリカ、ミャンマー等）に向かうが、これも、いつかは尽きる運命にある。

ＩＴの普及、グローバル化で、ＧＡＦＡやアリババ、ファーウェイ等が新たな金鉱で莫大な利益を上げているが、これも、やがては、細々と生きる企業になっていく。

企業は、長く残ろうとするなら、新たな便利製品の開発とともに、ゼロ成長に備えた戦略が必要になる。

化石燃料に浮かんだ現代文明は、親の遺産を取り崩して贅沢三昧をしている放蕩息子であり、破産（資源の枯渇）だけでなく、地球温暖化・環境破壊というツケが待っている。

## (6) 真の成長

現代の高エネルギー生活、高層ビルが林立する都市文明は、莫大な化石燃料が支えている。祖先は、役割分担というソフト（仕掛け・彫刻の表面）により、地球史的にはホンの瞬間で、莫大なエネルギーを得て、文化・文明をつくりあげた。

油の海（人口爆発、温暖化・環境破壊）に浮かんだ世界は、砂上の楼閣で、いまさら、自然（サバンナの狩猟採集生活）には戻れないが、くずれるのを遅らせることはなんとか出来る。

快適な生活は、必ずしも、莫大なエネルギーを必要としない。

窓を開けたまま部屋を冷暖房するようでは、いくらエネルギーを使っても足りない。誰もがプールやジェット機を持っては、地球の環境は保てない。

当選金が数百億円になるようなアメリカの宝くじは、多くの失望と極めて限られた幸運によって成り立っている。

夢はあるが、これを政治体制（価値観）としては、我々の文化・文明は瞬時に消滅してしまう。

今日の経済成長は、地球に大きな負荷をかけている。

しっかりと断熱し、少ない電力でも同じ効果が得られるようにしなければならない。

個人の過剰なエゴ（欲望）も抑えられなくてはならない。

発電にはエネルギー（化石燃料等）が必要だが、熱効率を上げれば少ない燃料でも多くの電力を供給することができる。

高エネルギー生活とは、快適な暮らしであり、これは必ずしも化石燃料の大量消費、いわゆる経済成長とはリンクしない。

省エネ技術（燃料電池、AI、ロボット等）は、経済成長と同じ効果をもたらす。

《失われた20年》などといわれていたが、デフレやリストラ、週休二日も立派な効率化、経済成長で、様々なサービスが生まれており、日本は途上国の成長率と比較すべきではない。

社会保障費の増加が心配されているが、安定した内需をつくり出していることになる。

今は、温暖化を伴う経済成長ではなく、循環社会の新たなサービス（役割）が求められている（エネルギーの安定供給は不可欠だが）。

脱炭素の原子力エネルギーは、化石燃料より遥かにましで、始めた以上は、廃炉が必要で、その技術開発、技術者の育成は喫緊の課題となっている。

資本の無節操な欲求（経済成長）に応えては、環境破壊が止まらない。

質素・倹約し互いに助け合う江戸時代の庶民（熊さん、八さん）の暮らしに戻れとは言わないが、食べて温かく寝られれば、それで満足ではないか。

日本は、エネルギー的には既に空前の豊かさを手にしている。

問題は役割の付与（富の再分配）だけである。

国内的には自給自足（ミニマリスト、シンプルライフ、ワーキングシェア）を考え、対外的には、エネルギー確保のための独立した政策（貿易・外交・防衛）が必要になる。

豊かさには、ものだけではなく、心の豊かさも必要なのだが、拝金主義がはびこり、若者の働く場所を奪っている。

適正な分配（役割分担）がなされなければ、社会は不安定になる。

自由・平等・基本的人権の尊重、民主主義は大事だが、条件付きであり、人類全てに適用することは出来ない。

人類は、排斥感性（序列意識）を役割に採り込み、分配を始めたが、今、この体制（役割と報酬のつながり）を見直すべき時期に来ている。

# 第７章　我々は何処から来たのか、我々は何者なのか

## １　生命とは

灼熱の地球が冷えると、マグマオーシャンに浮かんだ灰汁は地殻となり、そこに大量の水蒸気（宇宙の塵の接着剤）が降り注ぎ海ができた。

海は月に揺られるフラスコとなって様々な実験が行われ、億年経過すると、熱水の海でマグマのエネルギーを利用して結晶化（自己複製）する有機体（独立栄養生命）が誕生した。

＊有機体（他の生命）をエネルギー（餌・栄養）として増殖するミトコンドリアを持った従属栄養生命は、この独立栄養生命の繁殖を待って誕生する。

生まれたばかりの生命は、増殖のための機能（ハード）があるだけで、運（環境条件）が良ければ増殖するが、運が悪ければ、ただ死滅していくだけである。

大気中のガス（メタン、$CO_2$等）が海や岩石に吸収されて減少すると地球は寒冷化し、さらに、氷雪域が一定の限度を超えると、太陽光が反射されて地球は一気に寒冷化し、赤道まで分厚い氷雪で覆われる全球凍結状態（スノーボール・アース）になる。

この雪玉状態は永遠に続くかと思われたが、火山が放出する$CO_2$は、氷雪によって吸収を妨げられて徐々に貯まり、再び温室効果が起こり、厚い氷雪が解けて全球凍結は終了し、巨大な海が出現した。

その海では、温泉周辺で白銀の眩い太陽光を利用して細々と生き延びていた独立栄養生命（藍藻類）が、高濃度の$CO_2$を原料に大増殖（光合成）を始める。

光合成の副産物として放出された大量の酸素は、空では有害な紫外線を遮断するオゾン層となり、海では、多細胞化に必要なコラーゲンに不可欠な材料となっていく。

大増殖した藍藻類（植物生命）は、太陽エネルギーを糖やデンプンとして蓄えた餌（有機体）となって、多細胞化した様々な従属栄養生命を支え、ダイナミックな食物連鎖（カンブリア爆発）をつくりあげる。

生命の大進化は、莫大な太陽エネルギーを蓄積する独立栄養生命（藍藻類）の大増殖から始まった。

## 2　生き残りのソフト

太古の地球には、神も仏もいない。

運（成り行き）任せで増殖を繰り返していた生命（基本機能・ハード）は、《溺れるものは藁をも……》で、遺伝子に生じた有用な変異を、何百何千万年かけて生き残りのソフト（舟や櫂・羅針盤）として凝縮進化させ、このソフトを頼りに淘汰の荒海を渡るようになる。

億年たっても変わらない結晶と異なり、生命は、環境情報を遺伝子（ソフト）に採り入れながら徐々に棲息域を拡大していく。

ソフトには、体をつくりあげる構造系のソフトと、その体をコントロール・反応させる行動系のソフトがあり、生命は、この両輪によって成長し子孫を残している。

凝縮進化は先ず、生命（基本機能・ハード）を高温や衝撃・酸、アルカリ、紫外線等から守るバリアー（膜等の構造系）から始まる。

膜等は、様々な刺激（情報）に反応する鞭毛やセンサー（感覚器官）に分化、さらに情報を伝える神経等となり、これらを利用して収縮・反発する簡単なソフト（構造系、行動系）がつくられる。

淘汰情報を凝縮した中枢神経（脳・環境地図：輪郭だけ描かれた塗り絵のようなもの）がつくられ、そこにセンサーからの情報が入力されると、環境分析（把握）がうまれ、古代の静かな海は、食うか食われるかの追いかけっこ（食物連鎖）が始まり騒がしいカンブリアの海になった。

## ３　ソフトの本質（彫刻の表面）

生命（ハード）は、ソフトにより、まるで意志があって行動しているようにみえる。

しかし、ソフトは、淘汰の蓋然性（確率）が刻んだ変異（溝）にすぎず、その本質は、川の流れで掘られた窪み（甌穴）と同じで、意志などとは全く無関係である。

石に心などはないが、同じ石でも、偶然、人や動物等に似た石は、名前をつけられ観光の名物になり、小さな石は好事家に持ち帰られ、姿石等として珍重される。

磨かれて宝石になる石もあれば、彫られてダビデ像のようになる大きな石もある。

我々が、冷たい石の中味ではなく、その外観（表面）に《何らかの意味》を見出すように、淘汰（自然）も、ハードに寄与する何らかの変異（窪み）があれば、これを、さらに掘りあげ、濃縮して（凝縮進化させて）きた。

花カマキリや蛾の精巧な擬態（構造系、行動系のソフト）には驚かされるが、彼らに相手を騙そうとする《心・意志や思い》などない。

たまたま、花や木肌に似た変異が生き残ってきた（深掘りされた）だけである。

そして、生命は、この中味は何もないが、表面は、意味・目的があるかのようにたまたま彫られた機能（彫刻の表面・構造系、行動系のソフト）によって生きている。

遺伝子に心（意志や思い）などは刻めない。

刻めるのは、……かのように見える極めて簡単な凹凸（彫刻の表面）だけである。

## ⑴ ソフトは環境情報の一部でつくられる

長い淘汰期間を経て凝縮進化した凹凸（ソフト）は、様々な環境情報の中から、余分な（意味のない）ものを削ぎ落とし、必要最低限の情報だけを残してつくられる。

カエルの脳（環境地図）は、餌（昆虫）を《小さな動く影》で描き、蚊の脳は人の肌を《$CO_2$と赤外線》という情報（特徴）で描いている。

これらの情報は、我々から見れば、情報の一部（断片）にすぎないが、カエルや蚊にとって、餌や人の肌を識別するのに（他のものと混同しない）充分で、彼らは、この必要最低限の情報で環境（世界）を見ている。

そして、我々も、彼らと同様、環境情報の一部をセンサーで切り取り、人間独自の世界（観）・景色をつくりあげている。

＊我々は、光の一部（可視光線）、音の一部（可聴波）、臭いや味の一部で環境を認識し（世界観をつくりあげ）ており、赤外線、紫外線や超音波、電波などがあるとは、電信機等が発明されるまで信じられず、感じたままが自然の全てだと思いこんでいた。

生命は、生き残りに必要な最低限の情報でセンサー、ソフトをつくりあげ、独自の環境認識をしている。

## ⑵ ソフト（彫刻の表面）は頑迷固陋

ソフトは、一度、その有用性（進化の方向・構造系、行動系）が定着すると、それが基点となり、新たなソフトがつくられて（深彫りされて、凝縮進化して）いく。

サケ、マスは、卵を守るために酸素が豊富で外敵が少ない冷たい河川で産卵するソフトをつくったため、今では、河川の源流部で産卵するようになった。

サケ・マスは、この頑迷固陋な産卵ソフトにより、滝や急流も厭わず、ひたすら源流を目指した個体だけが子孫を残すようになる。
＊隣の河川は、ずっと安全で楽かもしれないが、産卵ソフトは目もくれない。
アネハ鶴の渡り（インドとモンゴル草原の移動）には、かつて、低い丘があるだけだったが、この丘は、インド亜大陸に押し上げられて徐々に高くなり、今や世界の屋根（ヒマラヤ山脈）になってしまった。

他に迂回路を探した方がよさそうだが、彼らは、このルートを変えられない。

アネハ鶴は、頑迷固陋なソフト（本能：彫刻の表面）に導かれ、その途方もない高みに、今も挑み続け、飛翔能力（構造系のソフト）を高めている。

皇帝ペンギンは、そのソフトにより、いつのまにか、海岸から１００キロも離れた内陸で厳寒の子育てをするようになり、シロクマやザトウ鯨も、ソフトのために大量の脂肪を貯め、あえて、脂肪が少なくて済む地域で繁殖しようとはしない。

## (3) ソフトは、構造系と行動系が交互に進化する

肺は、突然できたわけではない。

肺という構造系は、頑迷な行動系（彫刻の表面）から生まれた。

水の中にいる段階で、肺がつくられては溺れてしまう。肺がつくられるには、水を出た陸上で、どのような生活をするか決まっていなければならない。

餌を求めて汽水域から湖沼へと進出した魚類の一部が、乾季の泥沼に留まり、その行動が繰り返されて肺魚のような皮膚呼吸や肺（構造系）が凝縮進化（定着）した。

この肺（構造系）によって陸上の餌（昆虫）を食べる行動系がつくられるようになり、この行動系によって、両生類がうまれ、さらに乾燥に強い皮膚、卵殻、強い手足等の構造系（爬虫類等）が凝縮進化することになった。

自転車のゴムのタイヤやチェーン等（構造系）は突然できたものではない。

速く楽に移動する行動系のために、ショックを和らげるタイヤや、より効率的に力を伝えるチェーン等の構造系が考えられてきた。

人類の脳（構造系）も、行動系のソフトによってサルから猿人、原人、旧人、新人類と凝縮進化してきたのであり、脳だけが突然変異で先行して肥大化しても、その使い道（莫大な知識とこれを伝える言語、役割分担ソフト）が用意されていなければ、《豚に真珠》で、かえってエネルギーのロスとなるだけなのである。

危険な地上を避け、樹上を選んだ種（鳥類）は、フワフワの和毛に芯を入れ、樹上を自由に飛びまわる翼（構造系）をつくりあげた。

キリンの首や脚（構造系）は高所（樹上）の葉を食べる行動系と防御等のために伸び、ダーウィンフィンチやイグアナは、採餌行動によって様々な亜種（構造系）に分かれた。

行動系ソフト（彫刻の表面）が刻まれると、その行動系に適した構造系が凝縮進化し、その構造系が定着すると、それに適した行動系が新たに生まれるという、構造系と行動系の交互の凝縮進化である。

獲物に麻酔をして卵を産みつける狩人蜂の絶妙な子育ては、麻酔の強さや麻酔をする部分の試行錯誤の結果であり、クモの様々な狩りの方法（クモの巣、投げ縄、飛びかかる）も、同様である。

たまたまとられた行動が、淘汰の中で凝縮進化し（深掘りされ）、それが新たな生き残りのソフト（構造系）をつくり出してきた。

淀みの中で凝縮進化は起こらないが、激流は、硬い岩をも削っていく。

## (4) 補助が必要なソフト

古いソフト（彫刻の表面）は、遺伝子にしっかりと刻まれ固く引き締まっているが、発展途上の新しいソフトは柔らかく、崩れやすい砂山の途中に置かれているような状態のため、補助（固定するもの）がなければ、あっという間にずり落ちて（退化して）しまう。

＊外敵がいない孤島の鳥が、緊張とエネルギーを強いる飛行を退化させるのに多くの時間はいらない。これは、鳥の翼の進化要因が、祖先の樹上への進出と同様に、外敵から逃れる

ためだったことを物語っている。

ソフト（構造系、行動系の仕掛け・彫刻の表面）は、採餌、防衛、繁殖等の三つの主要な淘汰圧によって凝縮進化する。

## ⑸ ソフトとツール

食物連鎖の中から、危機管理や採餌、繁殖、群れ、なわばり等のソフトが生まれた。

行動の指令（感性）を発するのは、一部の構造系器官（行動系のソフト）であり、手足や目鼻等のツール（構造系）は、自ら何をしたい、何を見たいなどとは言わない。

脳はツールだが、肥大化すると、その能力をもて余し、好奇心という独自の行動指令（感性）を発するようになった。

## ⑹ 凝縮進化の速さ

群れソフトの効果は、間接的で地味だが、結果的に、危機管理（防御）、食の確保（採餌）、繁殖等に総合的に対応する情報共有ソフトとなって凝縮進化した。

キリンの長い首や脚は、高所の葉を食べる行動系だけでなく、防衛にも有効で、繁殖でも雌の憧れとなり、凝縮進化のスピードは極めて速かったと考えられる。

個体変異が多いほど、凝縮進化のスピードは速まり、さらに、そこに、役割分担のような特異な淘汰圧が加われば、凝縮進化は急激に進む。

＊人為選択によって数百～数千年で急激に変容した農作物や家畜等の一部は、農薬等や人工飼育なしでは、独自に生きていけなくなっている。

## 4　群れの進化（情報量の拡大）

生命は結晶と異なり、環境情報を変異（ソフト）に採り入れながら繁殖する。

情報利用は、コラーゲンがつくられて多細胞化したカンブリア紀に一気に進む。

膜等のバリアーは、センサー・神経等となり、特定情報（熱や衝撃、酸やアルカリ等）に反応する防衛ソフト（構造系、行動系）がつくられ、さらに、光や音の情報を採り入れて環境を把握する中枢神経（脳・環境地図）と連動するようになる。

食物連鎖の下層の《数打ちゃ当たる》だった大量産卵のソフトは、上層に行くに従って様々な方法で子孫を守る小産種のソフト（構造系、行動系）になっていく。

同種の属性（特徴）が判別できるセンサー（目）や環境地図（脳）により、たまたま仲間に同調した行動が、繰り返されて群れソフト《情報のネットワーク》に凝縮進化、鰯や鰊のような金太郎飴の群れ（第1類型）がつくられる。

餌や繁殖相手が限られてくると、同種をライバル（敵）とする排斥のソフトがつくられ、一度戦った相手と再び戦う無駄（リスク）を避けるために、情報（ライバルや戦いの結果、なわばり等）を記憶する脳が凝縮進化した。

遺伝子には簡単な情報（ソフト・変異）しか刻めないが、この記憶脳（メモリー）によって、餌付け、回遊・渡り、狩りや求愛の熟練が可能になり、序列の記憶（比較）から、雌を独占する巨大な体や角、華麗な姿の生態系（食物連鎖）がつくりだされてきた。

番い繁殖には、繁殖相手の記憶が不可欠で、互いに子育ての責任を課すとともに、子育ての中で様々な情報を伝える情報伝達種となる。

卵を産みっぱなしの魚類・両生類・爬虫類は、過去の淘汰情報を遺伝子を介してしか子孫に伝えられないが、情報伝達種（哺乳類、鳥類、有袋類等）は、数千、数万年の淘汰に匹敵する餌や危険等の情報を数週間、数カ月で伝達し、時には数年の環境変化にも適応してしまう。


危険な地上を避けて樹上を選択した哺乳類（情報伝達種の一種）はサル類となり、器用な手や遠近・色彩感覚を持った眼等を発達させ、その一部は大型化する。

大型化がもたらす長い子育て期間や寿命は、伝達・蓄積する情報を増やしていく。


排斥感性（エゴ）を持った第２類型の群れは、同調して逃げ惑うだけの第１類型と異なり、序列をつくり、なわばりを主張する。

この群れは、さらに、イルカや鯨、狼やリカオン等のように、簡単な役割分担をして追いこみ漁や狩りをするようになる。

役割分担には、役割を伝え、実行するための機能（ソフト）が必要になる。

役割を伝えられるのは情報伝達種だけだが、情報伝達種といえども、簡単に役割分担は出来ない。

餌や外敵の情報は《見よう見まね》で容易に伝えられるが、役割という個別の行動を伝えるのは難しい。

盲導犬一匹を訓練（役割を伝達）するにも、合言葉と連動する行動を餌等で惹きつけ、繰り返し教え込まなければならず、さらに、これを群れで有機的に連携（役割分担）させるのは至難で、とてつもないエネルギーと時間が必要になる。

蟻・蜜蜂・シロアリは、役割分担ソフトと役割を伝える情報媒体（フェロモンやダンス）を、遺伝子に一気に入力して役割分担周知のための膨大な時間とエネルギーを省き、自己犠牲まで厭わない高度な役割分担社会をつくりあげ繁栄しているが、哺乳類や鳥類には子育ての大まかな役割を除き、特定の役割も、これを実行するソフトもない。

そもそも、少産種の哺乳類や鳥類は、自分の遺伝子を残すために《序列をあげてナンボ！》の世界で生きており、《初めてのお使い》のような利他的な行動は、序列を下げて相手を有利にする行動のため、チンパンジーの群れでは、我々には日常的な、《～を取ってあげる！》といった簡単な融通行動さえ、ほとんど行われない。

役割分担した狩りは、より多くの獲物をもたらし、結局は、群れのためにも、自分のためにもなるのだが、そのためには、一時的にエゴを抑えるという行動様式の飛躍が必要になる。

祖先は、仲間に気遣い、積極的にサービス、献身するボノボのような行動様式を、サバンナ進出以前に、ある程度つくりあげていたと考えられる。

サバンナでエゴを優先していては生き残れない。

この行動様式は、さらに凝縮して行く。

肉を得るために、役割分担をする狩りが始まる。

獲物は解体しなければならず、大量の肉は、独占しようとしても一度に食べきれず腐ってしまう。

しかし、皆で分ければ、余さずに食べられ、明日の狩りを促す（担保する）ことになる。

ソフトは、餌の捕れる季節や場所、種類、大小、量等に応じて凝縮進化する。

役割を果たし獲物を持ち帰れば、序列が上がっていく。

役割分担は、相反する同調と排斥（序列）のソフトを昇華させて群れの結束を強め、機能的な狩りをつくりあげ、役割を伝える媒体（言語）を発達させ、役割を憶測する脳を大きくした。

一方、チンパンジーの獲物は小さく独占可能なため、仲間に分け与えることはなく、仲間と協力する行動（ソフト）も育たない。

チンパンジーは知能が高く、餌を与えれば様々な芸（役割）を覚えるが、その芸は、単に餌を得るための手段にすぎず、相手が何を求めているかまで思いは至らない。

これに対し、群れで狩りをする狼の子孫（犬）は、ヒトの行動に気を配り、散歩等の時間も事前に察知し、積極的に褒められようとする。

相手の意向を読み取り奉仕するソフト（感性）がなくては、盲導犬、牧羊犬はうまれない。他者にサービスして自分の評価を上げようとする感性が必要なのである。

役割分担の感性（ソフト）は、チンパンジーよりも狼類の方が我々に近い。

＊ボノボは、食べ物を独占せず仲間と分け、相手の意向に沿おうとするサービス・憶測の感性（ソフト）が働くため、芸や単語も簡単に覚え、応用も可能らしい。

祖先は、ボノボに近い種だった。

我々の群れは、《序列をあげてナンボ！》の群れから、《役割を分担してナンボ！》の群れとなり、物心つけば、《初めてのお使い》が可能になる。

この行動様式（ソフト）の有無は、やがて雲と泥の結果をもたらすことになる。

餌を独占し、《序列をあげてナンボ！》の世界にいるチンパンジーは、共同作業（役割分担）がつくりだす世界とは永遠に無縁である。

蟻、蜂、シロアリは、役割分担のソフトと役割を伝える情報媒体を、遺伝子に一気に刻んでいるが、人類が遺伝子に刻んでいるのは、その簡単な器（傾向・感性）だけで、本格的に起動するには情報の伝達が必要であり、このため、情報媒体（言語）の学習には、膨大な時間とエネルギーをかけている。

そして、この言語は、望外の見返りをもたらす。

言語は、ただ餌や危険だけを伝えるだけの媒体（フェロモンやダンス、振動）と異なり、時間・空間を超えた様々な情報を焦点を結んで伝えるようになる。

蚊やカエルの餌の情報は、蓋然性によってアバウトに遺伝子（本能）に刻まれているが、複雑多様な役割情報は、そうはいかない。

こうして欲しいという役割を実行するためには、我々のエゴ（時間と行動）をしばり、さらに、何時、何処で、何を、どのようにするのかが正しく伝えられなければならない。

こうしたことを伝えるのは、情報伝達種の鳥・哺乳類等であっても至難である。

ところが祖先は、長い成長期間の中で言語の習得を必須科目にし、少しずつ語彙を増やし、やがて、火の利用まで伝達するようになる。

人類は、役割分担のソフト（感性）とこれに伴う言語ソフトにより情報伝達種の頂点に立った。

役割分担がなければ言語は凝縮進化せず、従って好奇心……文化・文明も形成されない。

この新たに凝縮進化したソフトは、フウチョウやウグイスの求愛行動（鳴き声、ダンス）のように、素養（器・雛型）はあるものの、これを完成させるには補助（学習・経験）が必要で、これを怠れば、我々は、チンパンジーと変わらないエゴ優先の野蛮な世界に戻ることになる。

# 第8章　我々は、簡単なソフトで生きている

生命は、その誕生以来30億年有余、運任せの増殖をしていた。

しかし、太陽光を利用して増殖する独立栄養生命（藍藻類）が大発生すると、この状況は一変する。

藍藻は莫大な太陽エネルギーをデンプンや糖に変換し、同時に大量の酸素を放出した。酸素は、オゾン層をつくって有害な紫外線を遮断し、さらに、生命の多細胞化に不可欠な接着剤（コラーゲン）の材料となった。

多細胞化した生命は、その変異に淘汰情報を採り入れ、様々な生き残りのソフト（構造系、行動系）を凝縮進化させる。

ソフトが凝縮進化するには、大量の個体変異が必要だが、これも、藍藻類が蓄積した莫大な太陽エネルギー（デンプンや糖）によってもたらされ、従属栄養生命の大進化（食物連鎖）、カンブリア爆発が起こった。

独立栄養生命（植物性プランクトン）の大発生なくして、生命進化は起こらない。

ソフトは、行動系と構造系の組み合わせで成り立っているが、この二つは、同時には進化し

ない。

構造系ソフト（翼や肺、肥大化した脳等）は、これらを利用する行動系ソフトが前もって用意（足場固め）されていなければ、無用の長物（エネルギーの浪費）となるだけである。

行動系も同様で、魚類（第１類型）の同調のソフトが凝縮進化するためには、仲間の属性を判別できる眼（センサー）や脳（環境地図）が、前もってつくられていなければならない。

突然変異（ソフト）の定着（凝縮進化）には、行動系と構造系、いずれかを確定（足場固め）する必要があり、その土台のうえで、ソフトは交互に進化していくことになる。

人類は、その発生（胎児の発達）が示すように、魚類から両生類、爬虫類、哺乳類、サル類へと進化してきたが、その構造系の後ろには、これを支える目に見えない同調や排斥、役割分担等の行動系（いわゆる本能）の進化がある。

大隕石落下後、樹上生活（行動系）を選択した哺乳類は、器用な手や移動予測のための脳（構造系）を持ったサル類となり、その一種は大型化し再び地上に下りるようになる。

大地溝帯（サバンナ）に出た祖先は、役割分担による狩りを始め、情報媒体（言語）を増やし脳を肥大化した。

バッタは《捕食者》が近づけば跳ね出して逃げ、まるで《恐怖》という高尚な知能や感情を持っているように見えるが、バッタの防衛ソフトは、ただ《影》に条件反射しているだけで、影が捕食者なのか落ち葉なのかは全く関知し（興味が）ない。

バッタのソフトを有効ならしめているのは、影を捕食者とする蓋然性である。

狩人蜂は、麻酔を利用した精妙な子育てをするが同様であり、考えてやっているわけではない。

生命は複雑多様に見えるが、実態は、この蓋然性を利用した簡単なソフト（構造系、行動系）の凝縮進化（積み重ね）によってつくられており、この《積み重ね》を無視するような突然の進化（ジャンプ）などはありえない。


空を飛べるわけでもなく、走るのは遅く、力も弱い、これといった取り柄（構造系）がない人類が、鷲やライオン、象を凌ぎ今日を迎えているのは、情報を最大限に利用する役割分担という行動系ソフトにある。

我々俗人はもちろん、聖人・君子、そして神・悪魔といえども、次の極めて簡単な情報ソフト（彫刻の表面・本能）によって生きている。

## 1　同調の群れソフト

かつて生命は、中枢神経（脳）なしで生きていた。

呼吸や消化、そして成長等は、脳がコントロールしているわけではない。

レンジで焼けた器から手を引くのに、熱いかどうか考えていては間に合わない。

食欲や繁殖というハード（基本機能）を支えるのは単純な溝（ソフト）であって脳ではない。

太古の海で多細胞化した生命は、センサーや神経、さらに情報をまとめる中枢神経（脳・環境地図）をつくりあげ、外界（周囲の環境）に反応するようになる。

仲間（同種）を判別する機能（センサー、脳）を備えた遠い祖先（ピカイア）は、たまたま仲間の後を追い、外敵から逃れることが出来た。

同調は、結果的に、敵や餌の情報に素早く対応することになった。

身を守る術のない、か弱いピカイアにとって、群れ（ネットワーク）が、唯一の生き残りの戦略（ソフト）となる。

＊今は、卵や稚魚を守る様々なソフトがあるが、基本は群れソフトであり、稚魚には、同調するために、その体とは不釣り合いな異常に大きい眼がつくられている。

同調して群れをつくるには、常に仲間の動きを見ていなければならない。

《隣の芝生》が気になるのは、我々に群れソフトやなわばり・序列ソフトがあるからであり、群れをつくらないクラゲは、仲間が何をしようが全く無関心である。

《赤信号、皆で渡れば怖くない！》は、ツール（脳）とソフト（感性を発する彫刻の表面）との上下関係を図らずも表している。

脳は、情報（赤信号無視は法令違反）を分析してソフトに伝えるだけで行動の決定権はない。

実際の行動を決定するのはソフトなのである。

我々は属性が異なる外国人が信号を無視して渡っても同調しないが、同じ属性の日本人がゾロゾロと渡り始めると、同調して一緒に渡り始める。

我々は、交通法規（一時的な安全基準）よりも、同調という億年続けてきた安全基準を優先してしまう。

信号を無視して渡る者が増えれば、群れソフトは、仲間と同じなら安全（OK）イケイケ！という感性（行動指令）を発し、同じように信号を無視していくことになる。

生真面目に信号待ちをしていると、オバサンに《アンタ何しているの！》と言われかねない。ソフト（彫刻の表面）は言う。「お前（脳）は、情報を提供するだけでいい。横断歩道を渡るかどうかを決定するのは、オレの仕事なのだ！」と。


広い海の中で、何の指針もないとき、周りに多くの仲間がいた。目の前の仲間は、とりあえず生きて動いている。

生きて動いているなら、なにはともあれ、安全なはずで、その仲間についていくことは、勝手気ままに泳ぐよりも自分の身を守る可能性が高い。

か弱い個体にとって、頼れるもの（藁）は仲間だけだった。

第1類型は、そこまで考えて群れをつくっているわけではないが、群れ行動を採ることはメリットとなり、群れソフトが凝縮進化した。

ソフトは、仲間に同調しない場合は不安を、同調した場合は安心という感性を発して、整然とした第１類型の群れをつくりあげている。

この感性（群れ帰属意識）は、第２類型、第３類型になっても受け継がれ、群れをつくり、繋ぎとめる引力となっている。

第１類型の群れは、仲間に同調できない個体（出る杭）を犠牲に生き残ってきた。

この群れでは、目立って《出る杭》とならないために群れの中に紛れ込もうとする同種擬態が進み、出る杭は打たれて金太郎飴の姿形、行動になる。

仲間についていくこと（同調）は、楽しい。

先導者（仲間）の泳ぎ（通常のモード）が急に変わった。

敵を発見したのか、それとも餌（プランクトン）を見つけたのか。

隣も、泳ぎ（モード）を変えた。

遅れをとって仲間外れになってはならない。

同調しなければ！

ほんの小さなきっかけ（先導者の動き：情報）が瞬間的に群れ全体に伝わっていく。

大規模な暴動、略奪が始まるかどうかは、どれだけ先導者に追随する者が出るかにかかっており、追随者が目立つようになれば、群れソフトにより、アッという間に反応が広がり、それまでの秩序（理性的行動）は消し飛んでしまう。

遺伝子に、正義や人権などという高尚な概念は刻めない。

属性に従って同調するか否かがかろうじて刻まれた。

日本国民は、冷静な危機対応（民度）で世界に知られているが、たまたま、災害国のため、エゴ優先の行動がかえって悪い結果をもたらすという教訓が受け継がれているだけで、一つ間違えば、この箍が外れ、流言飛語が飛び交う関東大震災のような暴動が起きても全く不思議はないのである。

このため、如何に兆候（先導者）に素早く対処し、未然に暴動の芽を摘むことが出来るかが治安維持の鍵となってくる。

ゴミの放棄やイジメ等も同じで、早めに摘み取らなければ、この同調感性によって理性が引っ込み、あっという間に広がることになる。

大都会の《他人への無関心》も、《下町の人情、粋等の文化》も、同調の群れソフトがつくりあげており、《孟母三遷》は正しい選択なのである。

ポピュリズムや僭主政治は、扇動者のプロパガンダに同調する大衆によってつくられる。

一億玉砕、鬼畜米英の標語に同調した国民は、特攻まで容認するようになった。

ソフト（彫刻の表面）は考えない。

分かっちゃいるけどやめられないのである。

我々は、同調する（仲間と歌い踊り祈る）と、安心や喜びを得られる。

脳は、ソフトに判断材料を提供するだけで、《忠か孝か、義理か人情か、生きるべきか死ぬべきか》を最終的に決定するのは、何も考えないソフト（彫刻の表面）なのである。

小さな属性にこだわれば、これに従って群れは縮小・分裂し、大きな属性を受け入れれば群れは拡大・統合していく。

群れソフトは、外敵や餌の情報を共有し、結果的に個体を守る危機管理ソフトのひとつとなってきた。
＊全てのソフトは危機管理ソフトであり、行動系（食欲、性欲等）も構造系（細胞膜等）もハード（基本機能）を守るためにある。

## 2　排斥のなわばり・序列ソフト

食物連鎖の下層では、敵や餌を直接見なくても対応できる同調の群れソフトが生まれた。

食物連鎖の中・上層になると、限られた餌の取り合いが始まり、仲間を競争相手（ライバル）とする行動系ソフトが凝縮進化する。

鰹や鮪の大きな目玉や流線形の体型は、広い大洋で、いち早く仲間より先に餌（鰯やイカ）を発見し、素早く飲み込む《パン食い競争》からうまれた。

さらに餌が限られる狭隘な環境では、大きな群れは養えず、小さな群れになってくる。

この群れで、あっさり他人に餌や雌を譲るような個体は、子孫を残せない。

ライバル（同種）を蹴落としても餌を確保しようとする《椅子取り競争》が始まり、排斥のソフト（なわばり・序列）が凝縮進化する。

このソフトの効果は絶大で、一度つくられると、あっという間に、お人好しの個体を駆逐し、遺伝子に深く刻まれていく。

排斥ソフトにとっては、ライバルを排斥することが《善・快感》である。

第1類型の群れでは、《出る杭は打たれる》で、敵は捕食者だが、第2類型の群れでは同種がライバル（敵）となり、同胞を傷つける悪を抱える。

この群れでは、イジメや、虐待、差別は、日常茶飯事で、ソフトは、ライバルを蹴落とせば褒美として快感（喜び・ヤッター！）を与えてくれる（他人の不幸は蜜の味）。

そして、単独行動種なら、排斥ソフト（エゴ）の全面開放も可能だが、第2類型の群れでは、見境なく自己主張（エゴ）しては群れは分解して、群れのメリット（情報の共有）もなくなり、かといって控えめでは餌や配偶者が得られない。

排斥は、ほどほどにしなければならないが、ほどほどは難しい。

排斥感性の制御が求められる第2類型では、個体を身内（配偶者や子）と身内以外（ライバル）に分け、身内以外にだけ排斥感性を発するようにした。

しかし、もともと同じ種で、同じような姿・形の個体をどうやって分けたらいいのか。

よくよく見れば、違いがあった。

第2類型は、脳の属性域の記憶細胞（メモリー）を増やし、個体の微妙な属性（臭い、声、身体的特徴等）をパターン化して記憶し、身内と他人に分け、この分類に基づき、なわばりと序列を主張するようになる。

第２類型は、脳が個々の属性を記憶することにより、外（異なる群れ）に向けてはなわばりを、内に向けては序列をつくりあげ、《序列をあげてナンボ！》の群れとなる。

第２類型の群れでは、序列や、群れのルールを覚えなければ生きていけない。

生まれて最初に記憶される情報は、親の属性（顔や声、臭い）である。

**保守感性**

第２類型の群れでは、湧き上がる自己主張を抑制し序列を安定させるために、グルーミング（毛繕い）、腹見せ、マウンティング等のあいさつ行動とともに、つくられた序列を維持するために、実力差をデフォルメ（誇張）させて争い（エネルギーのロス）を避けようとする優越感や権力のローヤルゼリー（威光）、争いをあきらめさせる劣等感等の感性を凝縮進化させる。

第２類型の序列は世代交代等で変動するため、記憶の差し替えが必要になる。

第２類型の脳は、それまで記憶した属性を更新するため、第１類型の何十、何百倍もの記憶細胞（メモリー）が必要になる。

＊記憶脳によって、番いによる繁殖（役割分担）や、海亀やサケの産卵、回遊や渡りが可能になり、また、ライバルとの競争・比較（切磋琢磨）により、華麗なゴクラクチョウや巨大な体や角を持った動物が凝縮進化することになる。

第2類型の群れは、序列（リーダー）に従って行動する。

第2類型は、序列が決まらなければ、何も始まらない。

このため、第2類型では、誰がリーダーとなるかが最大の関心事となる。

序列（順位）は、体力、知力、気力等の要素（属性）で決まっていく。

人類の群れでも同様に決まるが、その属性は複雑多岐にわたり、なかなかリーダーが決まらず、多くの犠牲者を出す派閥争い（内紛）が起き、この混乱で滅亡することもある。

この内紛を避け群れを安定させるために、人類は実力とは無関係の様々な序列（年功・血統・財力等）で、《序列のための序列》をつくり出す。
＊無能な上司が異動してきて、かえって業務が停滞することもあるが……。
籤引きで決まった《将軍》でも、一旦決まれば、その序列に《保守感性》が働いて群れはまとまり、命令（役割分担）が実行されていく。

儒教やカースト制度等の属性（基準）は、本人の実力とは無縁な血縁だが、安定した社会づくりに貢献してきた。

そこで矛盾が溜まれば、《革新の感性》が働き実力主義（下剋上）の社会（乱世）となるが、これが終息すれば、再び、《序列のための序列》がつくられるようになる。

保守と革新は、このメリット・デメリットをめぐって入れ替わっていく。

排斥のソフトは限られた餌等を確保するためにつくられたが、「彫刻の表面」のため餌が余っていても、属性が異なれば敵（ライバル）とみなしてしまう。

これに対し、第1類型の群れでは、たとえ餌が少なく餌を奪い合うような事態になっても、排斥のソフトがないため、仲間を傷つけるような行動・発想も出てこない。

ところが、第2類型では、理屈抜きで、同じ属性（仲間）なら餌を分け合い、異なる属性（ライバル）は排斥し、褒美の快感（喜び・ヤッター！）を得ることになる。

第2類型の延長にある人類も同様で、排斥の悪（イジメや戦争等）が絶えることはない。ソフト（彫刻の表面）は単純で、無限に同じ反応を繰り返す。

報復が報復の連鎖を呼び、復讐が《パン》以上の《生き甲斐》となっていく。

小さな属性にこだわれば、群れは収縮・分裂し、大きな属性を掲げれば、群れは融合・膨張し、愛国心（名誉ある地位を得る）には、不名誉なことをする他国が必要となる。

同調を強いれば自由は抑圧され、差別・イジメと向上心は裏腹なのである。

自分だけ良く、他人を省みない人間に、国を経営する資格はないのだが、この群れでは、異なる属性の群れ（同種）に最もダメージを与えたものが英雄となる。

同じ種でありながら、属性によって、味方にも敵にもなってくる。

力が必要な排斥ソフトには、同調のソフトを上回るエネルギー（ポテンシャル）がある。

この大きなエネルギー（競争心）を有効利用しない《ゆとり教育》は、学習効率を低下させるだけでなく、持て余したエネルギーをイジメに向かわせる。

人類は、サバンナで生き残るために、協調・協力の《役割を持ってナンボ！》の群れとなったが、排斥の感性が無くなったわけではない。

排斥ソフトは依然として作用しており、役割分担も、序列によって決まっていく。

同調や排斥は、危機に際して強く働くため、アメリカは、真珠湾や3・11では、一気に好戦モードに傾き、冷静な反戦派は、非国民（異なる属性）の烙印まで押されてしまう。

ネオコンが、このモードに乗じ、イラク・アフガン侵攻を実行したが、その結果、どうなったか？

排斥は排斥をつくりだし、世界中にテロが拡散、その責任は今もとられていない。

単純な排斥ソフトは、永久機関のように報復、復讐のエネルギーを供給し続け、百年経っても飽きることはない。

人類は、この彫刻の表面（同調と排斥、役割分担のソフト）により、他の動物では考えられない大規模な同種間の殺戮を繰り返してきた。
＊反発を緩和するガンジーの知恵（非暴力・不服従）は大きく評価されなければならない。
排斥ソフトは、あらゆる属性（情報）を序列（ランキング）付けする。

余剰エネルギーを利用する競争（熟練、創意工夫）は、文化・文明をつくりだす。

好奇心が後押しして、ギネス記録が話題となる。

なわばり・序列のソフトは、我々の《生き甲斐》の大きな部分を占めており、工夫をすれば、古代オリンピックのような善用もある。

《同調する》や《排斥する》という行動（言葉）は昔からあるが、《自由・平等にする》という言葉は、異民族をまとめる大帝国が成立して、ようやく生まれた。

生命は、本来、自由・平等とは相容れない。

自由は危険をもたらし、平等は、淘汰という現実（進化）を無視している。

序列優先の群れは、一見すると強力な群れに見える。

しかし、信頼がなければ、ロボット（アイヒマン）がつくる面従腹背、密告、疑心暗鬼の群れとなり、権威（力）を失えば、あっという間に群れは崩壊、デマに反応（付和雷同）する第1類型の群れに戻ってしまう。

第1類型の群れは、互いに同調するだけの群れだが、第2類型の群れは、常に仲間との緊張を孕み、力が支配する厳しい群れである。

差別、イジメは、ソフトがあるため教えなくても自然に生まれるが、自由・平等の考えは、伝達（教育の努力）しなければ消えてしまう。

ソフト（彫刻の表面）は、属性が単純なほど、活性化する。

極右や熱烈サポーターは属性を単純にしてエネルギー（狂喜・落胆、大威張り）を得ているが、哲学者は、いつもしかめっ面で、元気がない。

## 3　役割分担のソフト（憶測と脳の肥大化、生き甲斐）

シロアリや蟻、蜂類の役割分担は、生まれたときから決まっている。

蜜蜂の社会では、ローヤルゼリーを与えられた雌が女王蜂となり、ひたすら卵を産み続ける。食糧を探し、幼虫を世話する雌や、季節限定の雄、さらに群れを守る兵隊等がおり、それぞれが役割を実行することによって群れが維持されている。

役割を分担する彼女らは、女王がつくりだしたクローン、手足であり、孫悟空が自らの毛を吹いてつくりだした分身のようである。

彼らは、役割分担ソフトとともに、独自の情報媒体（フェロモン等）を遺伝子に刻み、時間とエネルギーを節約し繁栄している。

役割分担を実行させる感性（本能）と、役割を伝える情報媒体は、どのようにしてうまれたのか。

サル類は、その餌や棲息環境によって、小型化、大型化、特殊な手足や尾、夜行性等のソフト（構造系、行動系）をつくりあげていた。

同じ大型のサルでありながら、ゴリラやオランウータンは以心伝心型（寡黙）である。

これに対し、チンパンジーは、石を投げ棒を振り回し、様々な声を出し騒がしい。

彼らは、サバンナで生き残れるか。

いくら力があっても、ライオンには対抗できない。

ところが、祖先は、生き残った。

なぜ、それが可能となったのか。

祖先は彼らと比べ、ひ弱で脳の容量も差はなかったが、エゴを少しだけ抑え仲間を気遣うボノボのような行動様式（感性）があった。

大地溝帯の形成にともない熱帯の森は徐々に後退、大型化した祖先（猿人）は、樹上から地上に生活を移すようになり、その先に広大なサバンナがあった。

サバンナでは雑食化（脚力強化）が進む。

そして、目の前には、ヌーやガゼル、シマウマ等が遥か彼方まで群れていた。

群れには、生まれたばかりの子供や、怪我や体調不良で簡単に捕らえられる動物がいて、貴重な御馳走（肉）になった。

あの肉をなんとか手に入れたい……。

甲殻類が、陸上に進出した藻類（餌）につられて昆虫になったように、さらに、その昆虫につられて魚類が陸上に進出し両生類、爬虫類になっていったように、祖先（猿人）も餌（肉）につられて、大きく変身していく。

避難先（樹）もなく肉食獣がうろつくサバンナで、チンパンジーのような《自分勝手な行動》をしていては、たちまち餌食になってしまう。

危機的な環境は、祖先の群れを一蓮托生の運命共同体にし、強い結束を迫った。

一人で狩りなどできないが、武器（木や石）を持って役割分担すれば、追いこめた。重い獲物は分担して持ち帰り、お祭り騒ぎの中で切り分け分配された。《平等な分配》は同じ釜の飯を食べる戦友のような絆をつくり、役割分担は、祖先の欠点（動きが緩慢で牙・爪もお粗末）を補っていった。

二人協力するなら、力は二倍以上になり、さらに数を増やせば、その力は驚くほど高まって不可能が可能になり、祖先の群れは肉食獣を凌ぐ狩猟集団になっていく。

行動は、思考（脳）からは生まれない。

群れをつくるにも、なわばり・序列をつくるにも、ソフト（感性・本能：彫刻の表面）がなければならない。

＊脳は情報を処理するだけで、脳が発する感性は、好奇心だけなのである。

思考と行動は別物であり、我々が簡単に役割分担できるのは、そのソフト（感性）が「彫刻の表面」として既に備わっているからである。

また、役割を伝える情報媒体（言語等）がなければ、《見よう見まね》がせいぜいで、これでは個別の役割など伝えられない。

サルや狼の群れでは、同調の群れソフトと排斥のなわばり、序列ソフトがせめぎ合っている。

しかし、祖先の群れでは、役割を分担すれば、せめぎ合わなくても、見返り（餌の分配と将来の地位）が与えられるようになった。

幸い、祖先（猿人）は、チンパンジーと異なり、ボノボのようなサービス、気遣いの感性（行動様式）と、情報を伝える多様な音声信号（合言葉）があった。

チンパンジーも狩りをするが、獲物（肉）は、独占してしまう。

分け前がなければ、狩りはエネルギーを浪費し危険を増やすだけで次の協力などできない。

チンパンジーの狩りは、おこぼれ（あわよくば）を狙い同調（参加）するだけである。

しかし、祖先は、獲物（肉）を平等に分配した。

狩りに参加し、獲物があれば、必ず何がしかの分け前（見返り）が得られた。

役割を分担すれば獲物も分配も多くなるため、役割分担（協力）がますます進む。

狩りになくてはならない存在になれば、一目置かれ、序列も上がり、気にいった配偶者を得て子孫を多く残すことができた。

サバンナの環境（淘汰）は、役割分担ソフト（感性）を凝縮進化させ、祖先の群れは《役割を持ってナンボ（分配）！》の群れになる。

我々は、この役割分担ソフト（感性）のおかげで、一日の大半を、夫（妻）として、親（子）、恋人、友人、さらに社会人……として何をなすべきか考えなければならなくなった。

この頸木（束縛）から解放されるのは、役割（義務や責任の煩わしさ）とは無縁な、雄大な自然や星空を眺めるときぐらいになる。

役割に必要な情報（4W1H等）を伝達する語彙（情報媒体）が増加して言語ソフトが凝縮進化、莫大な情報を収納するために脳が肥大化する。

情報伝達種は、情報を伝達して適応力を高めているが、見よう見まねでは《イモ洗い、蟻釣り》がせいぜいで、《言語》を用いる人類とでは、質・量ともに雲泥の差になってくる。

そして、この差は時を経るほど拡大していく。

我々は、仲間とともに歌い、踊れば楽しくなり、役割があれば、さらに盛り上がり、そこに、ライバルのチームが現れれば、祭り（カーニバル）は最高潮に達する。

財宝のために仲間と一致協力するわくわくドキドキする『インディ・ジョーンズ』の世界は御先祖の環境であり、逆転満塁ホームランの感動（高揚感・ヒーロー）は、同調と排斥、さらに役割分担への期待と不安が同時に反応してつくりだされる。

《役割を持ってナンボ！》の群れでは、役割がなくては、見返り（心とモノ・絆）もなく空しい時を過ごさねばならなくなった。

役割分担がもたらす喜び（感性）は極めて大きく、無償の役割（ボランティア）まで生まれている。

江戸時代のつきあいを断つ《村八分》は、《群れの絆》、すなわち、役割分担ソフトの感性（生き甲斐）を奪うきびしい制裁だった。

《イジメ》も、村八分と同じ、仲間外れにして《群れの絆》を断つものである。

仲間との絆を失った孤独な子供は、《生き甲斐》をなくし自殺を選ぶ。

ワシは翼を奪われても餌があれば生きていけるが、我々は、パンのみでは生きられない。

役割は自由を束縛するが、その見返りには《生き甲斐・絆》という大きな喜び（快感）を与えてくれる。

役割なしでは、生きる張り合い（価値）もなく、空しい時を過ごさなければならない。

我々は砂をかむような希望のない未来には耐えられない。

自ら死を選ぶか、はたまた、絆のない社会を属性の異なる敵と見なし無差別殺人を起こすか……。

役割（仕事）もなく、あてにされなくなった年寄りはボケて、施設の世話になるだけだったが、ある農協職員が、年寄りでも楽に稼げる仕事を考えると、この状態は一変する。

裏山の葉っぱがいい金（ツマモノ）になり、孫にも小遣いをやれ、喜ばれるようになった。

《生き甲斐》を得たばあちゃん達は、「葉っぱビジネス」に熱中、やがてパソコン、タブレットの操作まで覚え、町全体も活性化した。

ヒトは役割をもって、さらにエネルギー（お金）がもらえるなら、布団（ネタキリ）から這い出すのである。

ＩＳ・ヒトラーは非道だが、若者に役割（生き甲斐）を与え支持された。

偶然、《近づく影》に反応し跳ね出したバッタが、多く生き残った。

《近づく影》が外敵だった確率が高かったからだが、バッタのソフト（彫刻の表面）は、同種か敵かなど判断出来ない。

同調・排斥のソフトも、ただ、脳（環境地図）が分析した属性に反応するだけである。

役割分担ソフトも同じで、役割を分担しようとする感性はあるが、彫刻の表面に《誰が、どのような役割を求めているか》などは全く分からない。

ソフトを持った我々は、アリや蜂と異なり、役割が決まっていない俳優であり、入力された情報により、どのような役割（王子や乞食）でもこなせる。

ソフトは、この役割の確認を脳に任せ、その結果に反応するだけである。

役割確認を丸投げされた脳は、先ず、《誰が》という、役割を望む相手を特定することから始めなければならない。

これは、赤ん坊が《食欲のソフト》により、何でも口に入れるのと同じである。

《食欲のソフト》は何かを食べたいが、何が食べられるのかなど分からない。

このため、赤ん坊は、とりあえず何でも口に入れ、脳が、その中（記憶・経験）から、食べられるものをソフトに提供していくことになる。

役割分担ソフトも、役割分担はしたいが、《誰が、どのような役割か》など分からないため、脳は、とりあえず、あらゆる事象（もの）の意向を考えていく。

やがて、脳は、経験から、動かないもの（木石等）を《誰が》から除き、動くものの意向（求める役割）を考えるようになるが、《誰が》は、ハッキリと指定されていないため、子供の脳は、動く虫や動物等まで《誰が》とし、その意向を考え（憶測し）てしまう。

その結果、イソップ物語のような、キツネやコウモリ、昆虫・北風・太陽までが、ヒトのように考え行動する擬人化（憶測）がうまれてくる。

祖先は、河や海まで擬人化（憶測）して、様々な神々や精霊が活躍する神話、寓話をつくりあげ、神々を敬い、貢物を捧げ、安全や豊饒等を祈るようになった。

宗教の始まりであり、神々の意思を知る（憶測する）ために様々な占いが行われ、結果を記録するために文字が発明され、神話、寓話は群れの行動規範となってきた。

役割分担には、他者の気持ちを考える想像力（知性）が必要になる。

サバンナでは人手不足で、子供にも様々な《役割》が与えられていた。

火の利用、農業革命があっても、この状態は変わらず、農繁期には、《ネコの手》も借りたいほどだった。

しかし、莫大なエネルギー（化石燃料）を利用する産業革命が始まると、役割に？マークがかかってくる。

莫大なエネルギー（化石燃料）により役割（力仕事等）は不要となり、人口爆発だけが進行する。

産業革命は、新たな需要（工場労働者）を創出する一方で、機械化（省力化）により、大量の失業者（役割のない人間）をつくりだすことになる。

＊田植機やコンバインが普及すれば、牛馬や村人総出の農作業は必要とされなくなる。

役割がなくなれば分配（富の移転）もなく、格差が拡大、群れの絆が失われていく。

《役割を持ってナンボ！》の群れは、莫大なエネルギーによって、《富を持ってナンボ！》の群れになってしまった。

　そして、ソフト（彫刻の表面）は、このような情況を想定していない。凝縮進化して間もない役割分担ソフトは、既に固定化している同調や排斥のソフトと異なり、補強（学習等）が必要で個体差も大きく、役割を切実に欲しがる人間がいる一方で、役割を面倒、煩わしいと考え、自由を欲する人間もいる。

　仲間とワイワイやるのが好きな外交的タイプもいれば、反対に職人・芸術家タイプもいる。しかし、自己を主張する《ジャイアン型》より、お人好しの《のび太型》の方が大きな力を発揮してきたのは明らかである。

　力はあっても、自己主張（エゴ）が強く、仲間と役割分担できない同族（ゴリラ、チンパンジー類）は、猛獣のうろつく草原では、生き残れない。

《ジャイアン》は、経験（冒険）を積み、我儘を抑え協力したほうが結果的には自分や仲間のためになるという《三方よし》を学習しなければならない。

　第3類型の群れでは、チンパンジーのボスへの畏怖は尊敬に変わり、下位への差別や侮蔑は、いたわりやいつくしみに変わっていった。

　おなじ属するなら、第2類型ではなく第3類型の群れ？……。

　人類は、厳しい環境（サバンナ）で、この第3類型の感性（役割分担の意識）をつくりあげた。

## 4　言語ソフト

テレビの音声を0《ゼロ》にしぼって見ると、衣服をまとったサルが、物を食べてもいないのに口をパクパク動かし、そのサルの前には群れができ、笑ったり怒ったり、涙を流している。

彼らは喧嘩さえも、身体を動かさず、口でしているようだ。

このサル（ヒト）は、ソフトに係わる様々な情報（食べ物から家族の問題、景気、新たな車、おしゃれ等々）を声を出して伝えている。

何キロも届く声を発する騒がしいサルもいるが、大型のゴリラ、オランウータン等は、黙って毛づくろいをするだけで、我々と比べると極めて寡黙である。

彼らの情報伝達は、いまだ、古代の海から引き継いだ《見よう……》の視覚に頼っている。

しかし、我々の祖先は大隕石衝突以前から、無声映画ではなく、ナキウサギやプレーリードッグのように、様々な声（合言葉）を発するトーキーの世界で生きてきた。

祖先は、その後に進出した森でますます合言葉を増やし、サバンナで、ついに、《言語》をつくりあげた。

なわばり・序列は、《見よう見まね》で、すぐ覚えられるが、狩り（役割分担）では、視力より、周りに障害物があっても伝わる合言葉が必要になる。

様々な声を発するための、のど、舌、声帯と、鳴き声を整理・整頓し、瞬時に取り出す（イメージする）脳がつくられる。

《気をつけろ！》の合言葉は、それだけでも貴重だが、さらに詳しく、《鷲！》や《蛇！》と伝えられるなら、注意するのは頭上か、地上かと対応も変わってくる。

画期的な技術（火の利用や弓矢、投槍器等）が《見よう見まね》と言語（もっと、少し等）によって伝承され、言語は脳の肥大化を促し、人類の究極アイテム（最終兵器）となる。

赤穂浪士ではないが、単語一つ（山！……）で、生死が分かれてしまう。

様々な危機を乗り越え、一致団結（役割分担）して財宝（獲物）を探すインディ・ジョーンズの冒険は、かつての御先祖の世界（サバンナ）であり、そこでは、身ぶり手ぶりやたどたどしい言語で情報が伝達されていた。

**言語の雛型（言語ソフト）**

世界では、様々な群れ（人種や民族）が、様々な言語を話している。

我々は、現地で育てば、そこの言語を、自然に話せるようになる。

これは、我々が、人類共通の言語ソフト（雛型）を持っているからで、この雛型のないチンパンジー、オランウータンは、たとえ何年ヒトと暮らしても、会話を始めるようなことはない。

祖先は、アフリカを出る前に、既に、この言語の雛型（器）をつくりあげていた。

言語は、先ず、同調の群れソフトで、母親のマネを繰り返す中で学習されていく。

黙って見守る《見よう見まね》の伝達と違い、母親は、常に《あれ、これ》、《良い、悪い》

と語りかける。

黙って見守るだけでは、情報が正しく伝わったかどうか確認できない。

《出来る、分かった》という言葉によって、直ちに、次の段階に進むことが出来る。

群れの合意である共通の言葉を話せることが、同じ群れに属している証となる。

火の利用による人口増加や飢饉等から、新たな猟場を求めて、地球規模の拡散（出アフリカ）が始まり、群れは分裂・世代交代を繰り返し、同調と排斥のソフトによって、合言葉は訛りや方言のレベルから、全く通じない外国語になり、人種、民族がつくりだされてきた。

＊アフリカのサン族の発音は複雑で、我々には聞きとれないほど難しいが、サン族の方は、様々な言語をいとも簡単に聞き取り、まねすることができる。

この、複雑な発音は、出アフリカ前の汎用的発音と同じではないか……？

第2類型で生きていくには、序列に従わなければならない。

序列は、噛まれたり叩かれたり脅されたりして教え込まれるが、ある程度過ぎると、少し唸られるだけでも対応出来るようになる。

唸り声は、軽い警告やＯＫ！　から真に怒ったものまで様々なニュアンスがある。

群れをつくる種（狼等）が訓練しやすいのは、群れ行動のために、常に順位を気にして自由行動（本能）を抑制する感性があるためで、これに対し単独で行動する種（猫等）は、勝手気儘に狩りをするため、規制を嫌い、積極的に芸を覚えようとはしない。

それは、脳の問題ではなく、行動様式（ソフト・本能）の問題であり、さらに、第2類型の情報の多くは、《見よう見まね》に限定されている。

しかし、祖先の群れ（第3類型）は、《見よう……》に限定されない言語をつくり、過去の経験や未来の計画まで伝達するようになった。

人類は、この言語によって、画期的な技術（火の利用や弓矢、投槍器等）を、地球時間的には瞬時とも言っていいほどの期間で伝達、普及させた。

言語は情報の塊（粋）であり、情報伝達種の究極のアイテムとなる。


言語の学習は、同調の感性により、母親が発する声のマネから始まる。

最も大切なマー（母さん）を覚え、《あれ、これ》が分かると、パー（父）やジージ（祖父）も区別（指差し）出来るようになり、急速に単語が増え、脳（言語野）にジャンルごとに分類・蓄積され、対象（主語）と、その状態（述語）が結び付いていく。

状況を評価する良い（good; yes）、悪い（bad; no）を覚えると、自らの感覚（判断）も表現できるようになり、《分かった、諾》によって意思の疎通が始まる。

《見よう……》だけでは、情報が正しく伝わったかどうかは分からないが、この《分かった》により役割分担等を理解したかどうかが確認できるようになる。

どのような役割かは、アンド、バット、オアによって説明され、あとは、《出来る！　ヤル！》という責任を伴う言葉が出れば、役割（お使い）を任せられるようになる。犬やサルも役割分担はできるが、それができるかどうか、やる意思があるのかは、推測しなければ分からず、前もって実行を担保（約束）できない。

脳が突然肥大化しても、その使い道（言語）が用意されていなければ、エネルギーの浪費（無駄な投資）になるだけで、何の役にも立たない。

脳（言語野）の肥大化は、大量の合言葉なしには起こらず、この合言葉は、大きく安定した群れが世代交代を重ねる中で増えていく。

＊役割分担（長老、呪術師、神官等）により専門用語が発明、蓄積される。

時間はたっぷりあった。

数世代に一つ新たな単語が増えても画期的で、役割分担が始まってから、既に数百万年が経過している。

狩りのために《槍、斧、罠等》がうまれ、弓矢、投てき器の発明で《真ん中、端》がつくられ、さらに、獲物をめぐって《大きい、小さい、多い、少ない等》がうまれた。

火の利用では、《竈、土器、熱い、ぬるい、生、焦げた等》が、炉端では、狩りの結果《惜しい、面白い等》が語られ、《成長する、大きくなる、老いる等》の過去・未来に係る単語がうまれた。

農耕・牧畜とともに、《様々な植物名、不作、豊作、儲かる、嘘、正直、量数》がうまれてくる。

この困難な状況を《飢饉》と名付けよう！

この単語一つで、様々な連想が瞬時に湧くことになる。

単語は情報の宝庫であり、様々な思考・概念が焦点を結び、その吟味・検討を可能にし、原理・原則の発見につながっていく。

いかなる情報（天才の発明・発見）も、伝達されなければ一代かぎりで消えてしまい、その発展などはありえない。

口伝えでは消えてしまう言葉（情報）は、文字の発明によって固定されるようになり、さらに紙の発明、印刷によって情報は爆発的に広がり、ＩＴの現代では、好奇心・同調・排斥を刺激する様々な情報が節操なく飛び交っている。

## 5　脳の役割と好奇心ソフト

心はソフトがつくるものであり、道具（ツール）である脳に心はつくれない。

気の遠くなる淘汰（世代交代）の中で、様々な生涯を凝縮したソフト（彫刻の表面・本能）だけに行動の決定権（感性）が与えられている。

心（意志、欲望）は、同調や排斥、役割分担のソフト（本能）に帰属し、情報を分析する機能（中枢神経・環境地図）に感性（行動指令）を発する権利はない。

脳は、群れや個体の属性（体力、知力、気力、嗜好、家族交友関係）や役割等の情報を記憶・分析し、ソフトに提供（報告）するだけである。

しかし、好奇心という感性（行動指令）は例外で、肥大化した脳は、エネルギーが余り、暇になる（ソフトの指令がない）と、好奇心探索行動という独自の感性を発するようになった。《百年待って咲く花》が凝縮進化するのに、どのくらいの時間が必要だったか分からないが、我々人類の脳（構造系）は、地球史的には一瞬で肥大化した。

魚の脳は、同調の群れソフトによって、刻々と変化する仲間の動きを絶え間なく、かつ瞬時に分析しなければならなくなり、大きなエネルギーを消費するようになった。

のんびりと漂うだけのクラゲの神経（情報処理）は、群れをつくるために活性化し、桁違いの情報を処理するようになった。

餌が限られてくると排斥のソフトがうまれて、情報を記憶する脳が必要になり、この脳により、なわばり・序列や番い繁殖、子への情報伝達が可能になった。

ソフトは、満足すると脳に情報処理命令を出さなくなり、高性能化した脳には暇や余裕がうまれ、そのエネルギーを持て余し独自の感性を発するようになる。

また、情報のパターン化によっても、改めて分析処理を必要としない退屈な状態がうまれ、その能力（エネルギー）を持て余すようになる。

常時、環境分析を迫られていた働き者の脳は、この休眠状態に飽き（耐えられず）、蓄積したエネルギーを開放すべく自ら仕事（分析対象）を探す好奇心探索行動を始める。

新たに分析を要する《珍しい未知のもの》が、その対象となってくる。

情報伝達種では、成長期に、この好奇心が最も活発に働き、情報吸収（伝達）を助けている。

人類は、好奇心（知識欲）が働く成長期を長くすることによって言語等を学習し、役割分担（分業）による狩り等の熟練を促し、新たな発見をしてきた。

好奇心は、序列ソフトが後押しして珍しく美しいもので飾り立てる装飾品を生みだし、さらに、役割分担ソフトの憶測の感性により様々な神や原理等をつくり出していく。

## 6　貯蔵ソフト

生命は、危機管理ソフトの一つとして、余った餌（エネルギー）を貯える貯蔵ソフト（構造系、行動系）をつくりあげている。

明日の活動源を確保し子孫を残すために、リスは胡桃を、ビーバーは枝を、ナキウサギは乾草を、熊や駱駝は脂肪をひたすら蓄えようとする。

人類も、このソフトにより体には脂肪を、体外的には様々なエネルギー（食糧等）を貯め込んできた。

狩猟採集生活（火の利用）では、獲物は平等に分配されていたが、農耕がもたらす余剰エネルギー（穀物）は、独占を許すようになり、腐らない貨幣がつくられると、序列や好奇心ソフトと連動して文化・文明をつくりだすことになる。

産業革命が始まると、エネルギー（富）は、新たな富を得るための資産（資本）となり、市民革命がもたらした古くて新しい価値観（所有権）により、狩猟採集生活の伝統（平等な分配）は失われ、際限なく独占（死蔵）されるようになった。

我々は豊饒の海で同調の感性（群れソフト）を、餌が限られてくると排斥の感性（なわばり・序列ソフト）を、さらに、サバンナでは、肉という栄養豊富なご馳走を得るために、役割分担という行動を凝縮進化させ、脳（構造系）を肥大化してきた。

# 第9章　我々は如何に生きてきたのか

生命は、何億年も運任せの増殖を繰り返してきたが、多細胞化によって淘汰情報（蓋然性）を変異（遺伝子）に採り込み、大進化を始めた。

エネルギー量に反応した変異は、エネルギー補充のための食欲（メーター）として働くようになり、また、繁殖相手の姿や臭いに反応した変異は、積極的に異性を求める性欲として働き、さらに、外側にできた変異は、個体を守るバリアー（膜等）として働くようになった。

これらの機能（変異）を持った生命と、これを持たない生命とでは、どちらが子孫をより多く残すようになるか明らかである。

生命（基本機能・ハード）を助ける機能（変異・構造系、行動系）は、生命に欠かせない《生き残りのためのソフト》となり、さらに、このソフトに寄与する様々な変異（ツール）をつくりだした。

センサー情報を集めた中枢神経（脳等）には仮想世界（環境の概略図・下絵）がつくられ、周辺の環境が把握できるようになった。

＊脳（環境概略図）には、同種や外敵、餌を判別する属性域（下絵）がつくられ、そこに情報（光や臭い等）が入力されると、それらの存在を知らせるようになる。

蚊やカエルの採餌ソフトは、蓋然性により必要最低限の情報で人の肌や餌を識別し、血を吸い、虫を獲っている。

群れソフトは、脳が確認した同じ属性（仲間）に同調するだけだが、結果的には、餌や外敵の情報を素早く伝えるネットワークをつくりあげていた。

餌不足は、同種を排斥するソフトをつくりあげ、変動する《なわばり・序列》に対処するため、情報を記憶するメモリー（脳等）を凝縮進化させた。

記憶できる脳によって、配偶者を特定する番いや、回遊・熟練等の多種多様な生態系（食物連鎖）が生み出され、生命を、まるで心や知恵を備えているかのようにしている。

しかし、最終的に決断するのは、簡単なソフト（溝・彫刻の表面）であり、脳は手足と同じ、情報を分析・提供する道具にすぎない。

サバンナには、ヌーやガゼルが遥か彼方まで群れており、怪我や病気で落ちこぼれた個体は、森ではめったに得られない貴重な肉（脂肪・蛋白質）になった。

祖先（猿人）は、この御馳走を求めて積極的に狩りを始める。

森のチンパンジーは《序列を上げてナンボ！》で、日々、順位争いに明け暮れているが、草原で同じ自己本位の行動をしていては、たちまち、肉食獣の餌食になってしまう。

サバンナでは、仲間と協力・団結して身を守らなければ生きていけない。

これといった能力を持たない祖先は、この行動を発展させ、力を合わせ（役割を分担し）て、知識・経験を総動員していく狩りを始め、様々な武器（弓矢や槍等）やワナ、そして役割等を伝える情報媒体（合言葉）を増やしてきた。

獲物（肉）は協力（役割分担）を維持するために平等に分配され、うまく役割分担すれば皆に重宝がられて序列も上がり、妻も得られた。

男子の夢は、早く一人前になって、狩りに参加することになる。

サバンナの環境（獲物・防衛・繁殖等の淘汰圧力）は、同調と排斥を満たし、生き甲斐という独特の感性を発する役割分担ソフト（行動系）と、言語という莫大な情報を蓄積・処理する脳（構造系）を凝縮進化させ、人類は、チンパンジーの《序列をあげてナンボ！》の群れから、《役割を持ってナンボ！》の群れになった。

幼少期までは、自己中心の《ジャイアン型のガキ大将》が優勢だが、成人式（11〜16歳・元服）を過ぎれば、協調、気遣いの《のび太型》が頭角を現してくる。

我々は属性に反応する磁力のような簡単なソフト（凹凸）により、敵やライバルを退け、餌や繁殖相手を得てきた。

脳は、いろいろ考えるが、決断を下すのは、このソフトであり、脳は情報を処理（蓄積・分析）提供する道具（ツール）にすぎない。＊好奇心は別。

我々は、ただ父母の特徴（属性）を覚えて人見知りを始め、続いて《三つ子の魂》、《孟母三遷》と様々な情報、価値観を入力し、これに反応していくだけである。

そして、何十万年前か分からないが、大天才が発明した《発火技術》が人類と地球の運命を変えることになる。

想定外のエネルギー（火の利用）を得て人口を増やした祖先は食糧不足に陥り、新たな狩り場を求めて地球規模の拡散を始め、移民地（気候帯）に応じた皮膚（人種）や訛り（言語）、そして神をつくり、マンモス等を絶滅させながら南米南端に到達した。

新たなフロンティア（拡散）はなくなり、祖先は、既存のなわばりで生きること（定住）を余儀なくされる。

境界争いが激化するが、これを、なわばり内で餌を確保する技術（定住前提の農耕）が救うことになった。

狩猟採集生活とは比較にならない余剰エネルギー（農畜産物）により、再び人口が爆発、それでも余ったエネルギーにより文化・文明がつくられた。

しかし、我々のハードとソフト（彫刻の表面）は、狩猟採集生活から何一つ変わっていない。

我々は、属性（役割）が分からなければ、何をしたらよいか分からない。

我々がどこへ行き何をするかは、入力された情報によって決定される。

我々七十余億の人類は、メダカやコオロギと同じ属性に反応する簡単なソフト（彫刻の表面）によって、今も、地上を蠢いている。

## 1　前知識（有史）

さらに、論を進めるための道具（概念）を整理する。

### (1) 富（エネルギー）を得る仕掛け

なにもしなければ、餌（エネルギー）は得られない。

宝くじは、買わなければ当たらないのである。

少額でも宝くじを買うことが、富を得るための《仕掛け》となる。

多細胞化した生命は、淘汰情報（蓋然性）を変異に刻んで生き残りのソフト（構造系、行動系）をつくりあげ、鉱物の結晶と異なり、徐々に棲息域を拡大する。

新たなソフト（仕掛け）がつくられるには、ソフトをつくる投資（エネルギー）よりも、ソフトによって得られるメリット（エネルギー）が大きくなければならない。

祖先は、情報を利用するソフト（同調や排斥の仕掛け）をつくり、この《仕掛け》により、魚類、両生類、爬虫類、哺乳類、猿類、猿人となり、さらに、原人、旧人、新人と進化してきた。

生餌だけを食べ夜の闇に凍えて眠っていた祖先（サル）は、火の利用という画期的な《仕掛け》により、シロアリや菌類しか利用しない枯れ木・枝・葉っぱを、エネルギー（熱・光）に変えることに成功する。

枯れた木や枝は至るところにあり、その恩恵（食材の拡大、暖房等）によって祖先の暮らしは一変、最初の人口爆発を始める。

人口を増やした祖先は餌不足になり、新たな餌（なわばり）を求めて地球規模の拡散（グレート・ジャーニー）を始め、その過程で様々な言語・人種をつくりあげてきた。

## (2) 狩猟採集生活の伝統

役割分担をしても見返り（分け前）がなければ、単なる《骨折り損、エネルギーの浪費》となるだけで、次は誰も狩りを手伝わなくなってしまう。

このため、祖先（第3類型）は、チンパンジーのような獲物の独占を、役割分担（狩り）を妨げるタブーとし、獲物を公平に分配してきた。

役割分担（狩り）は、自由を束縛し、危険も伴い、エネルギーを消費するが、その見返りに、それ以上のエネルギー（肉）と、貢献する喜び（感性）を与えてくれた。

肉は独占しても腐ってしまうため、平等に分けて、早めに食べる方が無駄をなくし、仲間から感謝され、絆をつくり、役割分担を進めることになった。

このしきたり（平等な分配）が、狩猟採集生活を支えソフトを凝縮進化させる一因となった。

日によって当たり外れがある獲物では、贅沢な暮らし（高エネルギー生活）をする王侯・貴族など養えない。

火の利用が始まり人口が徐々に増えるが、新たな役割（料理、道具・土器作り等）も増え、役割分担が無くなることはなかった。

ところが、農耕が始まると、この事情は変わってくる。

### ⑶ 富者（富の独占）の起源（農耕）

祖先は、我儘（エゴ）を抑え、役割を分担し群れの機能を高めることで肉（エネルギー）を得、生き残ってきた。

この狩猟採集生活の体制（群れの絆）は、新たな余剰エネルギー（農耕）によって変容を迫られる。

南米南端到達によって新天地（新たな猟場）が無くなると、祖先は既存のなわばりの中で生きる定住を余儀なくされ、有用な動植物を育てる農耕・牧畜を始めた。

農耕・牧畜は、太陽エネルギーの残滓（枯れ木）の利用（火）と異なり、降り注ぐ太陽エネルギーを、特定の動植物を介して固定・独占する仕掛け（技術）である。

莫大なエネルギー（農畜産物）により祖先は第二の人口爆発を起こし、不労階級（王侯・貴族等）と、新たな役割（召使、商人、技術者、芸術家、軍人等の専門職）がつくられ、文化・文明が生まれる。

一致団結が必要な狩りで獲物を独占しては問題で、後の支障となるが、農耕は、狩りほど緊密な役割分担（阿吽の呼吸）をしなくてもやっていける。

また、穀物（種子）は、腐りやすい肉と違って独占（長期保存）が可能で、独占しても、以前の狩猟採集生活よりは食糧があり、あまり問題にならなかった。

莫大な農畜産物は、平等な分配をなし崩しにし、序列によって富（収穫物）を独占する権力者（王侯・貴族）を生みだすことになった。

王侯・貴族は、独占した富（農畜産物）で巨大な王宮をつくり、贅を尽くした高エネルギー生活、すなわち文化・文明を築き、これを新たな役割（職業）がささえていく。

農耕のために天体の動きや気象を記録する文字・暦がつくられ、情報が残る有史時代に突入する。

余った農畜産物を加工・流通する市や、街、大都市ができ、貨幣を通して交換されるようになる。

## (4) 貨幣という交換媒体

灼熱の地球が冷えてくると、マグマのエネルギーに代わって、雲を立ち上げ雨を降らし山河を削る太陽エネルギーが主役になってくる。

太陽エネルギーは、植物性プランクトンを底辺とした食物連鎖をつくり出す。

我々の食糧（農・畜・水産物）はもちろん、家具や家の材料（木材、鉄鉱石・石灰岩・化石燃料）は太陽エネルギーがつくりあげたものであり、金銀・宝石も、食糧（太陽エネルギー）がなければ、我々は採掘も加工もできない。

我々が利用するあらゆるものが、太陽エネルギーを源としている。

インフラ（道路、鉄道、電線、ガス管等）は勿論、これを利用する自動車・船舶・航空機、そのエネルギー（電気、ガス、ガソリン等）も太陽エネルギー（化石燃料等）が源となってつくられている。

＊サバンナでのんびりと葉を食むアフリカ象は巨大だが、利用する太陽エネルギーはつつましい。
しかし、我々はアフリカ象より遥かに小さいのに、役割分担というソフトにより高層ビルが立ち並ぶ巨大都市をつくり、莫大なエネルギーを消費し続けている。


余剰農畜産物等は、市で、異なる物品と交換されるようになった。

初め、これらは、製造・販売等に要したエネルギー（食糧や手間）と見合う別の物品と交換されていた（等価物々交換だった）が、やがて、貨幣というオールマイティの交換媒体を介して交換されるようになる。

貨幣には、信用（市場の合意）により、一定の価値（エネルギー量）が与えられ、労働（手間・サービス）を提供するエネルギーとして、また、牛馬は、肉や力を提供するエネルギーとして貨幣に換算されていった。

当初は一対一の《等価エネルギー交換》だったが、多数が商品売買に参加すると、その価格は需要と供給によって決まるようになる。

さらに、富の集積が進むと、その交換は、参加者が有する貨幣量と欲望の大きさによって決まるようになる。

富（余剰エネルギー）は、必需品から奢侈品（稀少品や芸術品）に流れて、エネルギーの等価交換という原則をくずし、価格は、オークション（競り）によって、価格と原価（製造・販売に要したエネルギー）との、とてつもない乖離（一枚の絵が数十億という）をつくりだしている。

属州から莫大な余剰エネルギー（農畜産物と奴隷）が流入した古代ローマでは、高エネルギー生活をする市民・富豪、皇帝がうまれた。

初期の富豪や皇帝は、狩猟採集生活（共和制）の名残（宵越しの金は持たない主義）で、市民の人気を得るために蓄えた富をインフラの整備や大浴場や闘技場、劇場、パンやサーカスに散財し、古代ローマ文明をつくりあげた。

様々な職業（役割）がうまれたが、この文明（散財）が許されたのは、余剰エネルギーの流入が続いた領土拡大期までで、その後、エネルギーは、人口増に吸収されて文明（高エネルギー生活）を支え切れなくなり、人気（サーカス）よりも生活（実質）が大事な質素・倹約の時代（中世封建社会）に入っていく。

中世は、一年間の太陽エネルギー（農畜産物）で生活していく自給自足（重農主義）の時代であり、王侯・貴族だけが贅沢をし、庶民はギリギリの生活を強いられる。

食糧を増やすために鬱蒼としたヨーロッパの森は切り開かれ、農法等の技術開発が少しずつ進むが、天候（凶作）や伝染病で人口は大きく増減し、貨幣利用が進む。

この中世に、肉料理に欠かせない胡椒等の香辛料が持ち込まれる。

遠隔地にある香辛料の生産地と消費地の価格差によって富（エネルギー）を得ようとする大航海（交易という重商主義）時代の幕開けである。

大きな富を得るためには、相応の仕掛け（資金・大型船団）が必要になる。

その元手（資金）は当初、王侯・貴族が出していたが、やがて裕福な市民も参加し、合資、株式会社等の形で資金が調達されるようになる。

## ⑸ 役割を得る仕掛け（教育）

高い能力（知識・経験・技術等）があれば、役割（職業）を容易に確保でき、多くの富（見返り・報酬）を得ることができる。

この情報（能力）は、長い間、《親方と数名の弟子》という徒弟制度の中で伝達されていたが、東方貿易等の経済発展で人材が足りなくなり、教会や都市・王等は大学をつくり、神学・医学・法学等の専門家を大量に育成、雇用するようになる。

しかし、《大学》に入るにも、富（月謝等）は必要で、中国で科挙（官僚登用試験）が発達したが、貧しくては受験する余裕などなく、《上品に寒門なし》で、裕福な上品（富豪）の子弟が大学に入り、科挙に合格、富を独占してきた。

国や企業は、人材を有名大学に求め、中国・韓国・インド等では人生を左右する激烈な受験戦争が起きている。

そして、試験の成績がいいということは、記憶力があり、気に入られる回答が書けるということ、すなわち、憶測（忖度）の能力が高く命令（役割）も容易に実行されることになる。

皇帝や企業にとっては使い勝手がいい人間だが、脳は情報処理機能（ツール）にすぎない。群れに貢献するか、私腹を肥やすかは、個人の属性（志操・価値観）に懸かっている。

途上国の子供たちの大学進学の夢は立派だが……。

中国では応試（詰め込み）教育が問題になっている。

ゆとり教育も詰め込み教育も、ほどほどが必要で、化学式や年号の暗記などはオタクにまかせるべきで、弾圧やイジメ、汚職、腐敗、ごまかし等が、なぜ起こり、なぜ悪いのかを教えなければならない。

## ⑹ 資本は疑似生命体

太陽エネルギーに依存する重農主義の中世経済では、役割（労働）は貴重なエネルギーであり、農繁期にはネコの手も借りたいほどだった。

しかし、十字軍から東方貿易が始まり、《地域間の価格差》を利用して富（貨幣）を得る重商主義の大航海時代（香辛料等の交易）の幕が開くと、太陽エネルギー一年分が上限の農畜産業は徐々にとり残されていく。

塩だらけの塩湖の周りでは何もとれず、塩は邪魔でしかないが、塩がない地方に持っていけば、農業よりもカネになり、富豪が生まれた。

いくら資源国で石油（エネルギー）があっても、これを売って、様々な物品・サービスと交換できなければ何の意味も無く、そのためには、掘削、製油等の技術や販売努力が必要になる（ベネズエラは、これを怠った）。

交易という《仕掛け》によって、新大陸から莫大なエネルギー（金銀や馬鈴薯、トマト、タバコ等）が持ち込まれ、各国は貨幣を求めるようになる。

貨幣があれば、魔法のようにあらゆるものが手に入る。

貨幣には一定のエネルギーが約束されており、集まれば富（資産）となる。

中世までは、富は富のまま貯蔵されたが、大航海時代になると、富は、新たなエネルギーを得るための資金（呼び水）、自己増殖する疑似生命体（資本）になっていく。

資本（エネルギー）が集まる証券・金融街には、高い報酬を得ようと人間が集まり、マスコミは、そんな強欲な彼らをエリートなどと持ち上げている。

ヨーロッパは、新大陸からの富（金銀、香辛料、ジャガイモ等）で活性化、イギリスでは、農業（羊毛・穀物生産）の大規模経営が始まり、「囲い込み」が行われる。

農村を追われた農民は都市に流れ、工場制手工業の担い手（労働者）になっていく。

綿工業は、当初こそ、労働者の需要（役割）を増やすが、蒸気機関の発明により化石燃料で動く機械が、牛・馬や人の役割（単純労働）を奪うようになった。

かつてなかった、役割（仕事）のない失業問題の発生である。

一年分の太陽エネルギー（農耕・牧畜）に収まっていた中世社会は、億千万年かけて蓄積した太陽エネルギー（石炭）を開放する近代の工業化社会に入っていく。

石炭利用のためのインフラ（鉄道や運河）整備が進み、資本の自己増殖が始まる。

資本はソフトと同じで、慈悲や節操の感性などない。

資本は、より多くの富を目指し、国境を越え、世界中に格差と環境破壊をもたらしていく。

## 2　近代から現代（様々な属性）

人類が望んでいた莫大なエネルギーは、人口を爆発させる一方で、役割（分配、群れの絆）を奪い、排斥感性を高め格差を拡大させている。

我々は、役割がなければ付和雷同する第1類型の群れ（烏合の衆）になってしまう。

### (1) アメリカ

イギリスに始まった石炭利用の第一次産業革命（軽工業）は、海を渡ったアメリカで、石油を利用する第二次産業革命に入っていく。

化石燃料（石炭・石油）は、エネルギー（電気・ガソリン・灯油・重油等）としてだけではなく、素材（プラスチック等）としても利用されるようになる。

エジソンの電球・蓄音機等を筆頭に、様々な便利商品（冷蔵庫、空調機、掃除機、レンジ等）が次々と発明されて、アメリカは電化（高エネルギー消費）社会に突入し、さらに、フォードが分業（役割分担）で安価な大衆車を販売すると、インフラ（道路・電力網等）の整備が進み、石油化学、鉄鋼・電機産業が急激に成長、大量の雇用（役割）が生みだされる。

この人手不足は、各国から流入する大量の移民が解消、さらに消費者となって新たな需要を生むという経済の好循環、すなわち、空前の高度経済成長が始まる。

化石燃料の莫大なエネルギーは古代ローマをはるかに上回り、便利商品で生まれた余暇は、アメリカ発の様々なレジャー（ミュージカル・映画・カジノ・ディズニーランド等）、スポーツ（野球、バスケット、アメフト等）に向かい、トップスターの収入（見返り）は、大統領の収入をはるかに凌ぎ、アメリカンドリームとなった。

現在のアメリカは、シェールガスや新たな油田の開発、また中南米からの移民（低賃金）が流入して、いまだに経済成長が続いているが、この繁栄も、資源が枯渇し、低賃金の移民がなくなれば、やがてはゼロ成長（停滞）の時代が待っている。

すでに、かつての経済成長期の役割（雇用・群れの絆）を海外に奪われた白人中間層は、既存の政権（エスタブリッシュメント）に不満を持ち、後先を考えず雇用を訴える人物に投票、付和雷同のポピュリズムに陥っている。

エネルギーがあっても、大量の人口を吸収する新たな産業（役割）が創出されなければ富の循環は起こらない。

医療費がかかるということは、新たな役割（サービス産業）をつくる機会になるのだが、税金を出し惜しむ共和党は、これに気付かない。

情報産業（GAFA等）は、見返り（富）をブラックホールのように吸い込むだけで（死蔵して）、利益を還元していない。

彼ら（超富豪）は、自分がどのように罪深い存在か分かっており、非難を怖れ寄付をし、ガードマンを雇い、高い塀の無駄に広大な邸宅に住まなければならない。

しかし、そんな彼らもソフト（彫刻の表面）で動いており、一人では不安で、仲間を集めて群れ（セレブ社会）をつくり、その中で役割や生き甲斐を得ようとしている。

悪（圧政やアウトロー）から身を守るために銃（凶器）の所持を許す合衆国憲法は、アメリカ社会が、いまだに他人不信の移民社会（西部劇状態）にあることを示している。

そもそも、銃がない群れの方が安全であることは言うまでもなく、指先一つで偉大なリーダーが失われるようなことも無い。

本当に、民主主義（自由・平等等）を守るのは、役割（仕事）の付与や真実の報道と選挙で、銃などはいらないのだが、国民は銃を持つことによって、ますます疑心暗鬼（不安）になり、思考停止の《赤信号……》の状態に陥っている。

アメリカでは、肥満も問題になっている。

しかし、この肥満は、役割の見返り（分配、報酬）で肥っているわけではない。

確かにエネルギーは余っているが、そのエネルギー（富）は1%ほどの超富裕層に独占され、数千万人が、そのおこぼれ（フードスタンプ）で肥っているという。

まともな仕事がない彼らは、動物園にいるようなものである。

野性のチーターは、疾走して獲物を倒す狩りソフト（仕掛け）で肉を得ているが、動物園では、このソフトが働かなくても餌（結果）を与えられる。

餌がもらえれば楽で嬉しいかもしれないが、チーターは、狩りというソフトの感性（生き甲斐）を奪われ、不満（ストレス）を抱えている。

《打出の小槌》があれば、なんでも簡単に手に入り嬉しいが、一方で、創意工夫・仲間との苦労・友情・裏切り等の人生の綾（感動）を失っている。

慈善事業（おこぼれ）で生きていては、役割分担ソフトの立つ瀬（面目）はない。

## ⑵ 資源国

産油国は、莫大な化石燃料（エネルギー）の売却益（富）で、教育や医療を無料にし、公務員の給料も高くできる。

しかし、いくら資源があっても、消費ばかりでは道楽息子と同じで、やがては身上をつぶしてしまうため、先を考えた戦略が必要になってくる。

安定した経済には、確保するエネルギーと消費するエネルギーとの均衡が必要になる。

消費エネルギーを、自前で確保（生産）出来るならいいが、他国に依存しては、不安定さが付きまとう。

日本は、資源が無いが、技術革新を進め、輸出を図り、これを資源（エネルギー等）と交換してきた。

ところが、資源国のベネズエラは、石油収入（石油の売却益）だけに頼り、明日の備えを考えなかった。

石油の売却益（エネルギー）を平等に分配する（分け合う）まではよかったが、バラまくだけで、新たな産業（役割）を育成してこなかった。

超インフレの今、貧困層は、何もしなくても食べられた昔を懐かしがって同じ政策の大統領を選んでいるが、それでは援助に頼る難民状態を続けることになる。

《役割を持ってナンボ！》の群れでは、役割（仕事）を持たなければ生きていけない。

《天は自らを助けるものを助く》という大原則を忘れては、国は破綻してしまう。

アリのように冬の準備（自立のための役割育成）をするべきだったのに、ベネズエラは、夏に浮かれて過ごしたキリギリスになっていた。

石油安、販売不振の結果、今、外貨不足で必要なものが何も買えない状態になっている。

おそまきでも、外資を導入し、新たに石油技術者を育成、施設を再整備し、輸出する体制をつくりあげなければベネズエラに未来はない。

ずる賢い外国や資本に騙されないよう、慎重な資金計画が求められる。

一方、畜産が盛んなアルゼンチンは、ベネズエラと異なりデフォルトしても食には困らない。パタゴニアで水素を風力発電で生産輸出すれば、産油国以上の資源国になり、砂漠地帯も太陽電池を利用すればいい。

天然資源はなくても、大人口の国（中国、インド、アメリカ、インドネシア等）には、大きな需要がある。

大きな需要は、《塵も積もれば……》で、ここで成功する企業は、グローバル企業と同様に莫大な利益を手にすることが出来る。

中国は海外（日本等）から資本と技術を導入し、大人口と低賃金という《仕掛け・元手》で急速に経済成長、世界二位の経済大国になり、なわばり・序列の中華思想を鮮明にして軍事に富を費やしているが、その先にはゼロ成長が待っていることを自覚しているのだろうか。

大人口（需要）を抱えた国では、当たれば、莫大な利益を得る超富豪がうまれ、経済成長（高エネルギー生活へのシフト）が進むが、いつかは限界に達する。

企業は人件費を削減しようとＡＩ、ロボット等の開発を進めるが、それは、格差を拡大し、国民の役割を奪い、社会不安につながっていく。

共産党は、国民の不満を、監視、弾圧することで抑えようとしているが、ネット社会の今、天安門のような対応はできない。

適切な《分配》がなければ、国の安定（絆）は保てず、富裕層は海外に逃げ出すことを考える。

大人口の中国は、軍事より福祉の充実に予算を使い多くの役割を提供し、安定した内需をつくりだすことが求められている。

党は時代錯誤の中華（エリート）思想を脱し、規制を緩め、癒着を減らし、様々なすき間産業（ニッチ）を育成し、権力と富を国民に分配していく道を模索する時期に来ている。

かつての人海戦術（平等）を懐かしむ年寄り（毛支持者）も多い。

弾圧は、反感のエネルギーを蓄積していくだけである。

### (3) 途上国

アメリカ等の資源国は、まだいい。

資源がない途上国には慈善事業の余裕などない。

資本も技術もない途上国が自力で経済発展するのは難しい。

資本や技術は、富を得る可能性のないところ（鉱脈）には向かわない。

人口も資源（労働エネルギー）だが、これを活用する仕掛けをつくらなければ、限られたエネルギー（富）の奪い合い（縁故者の独占）があるだけである。

餌（エネルギー）がなければ、新たな仕掛けをつくるか、移動するしかない。

かつて起こった地球規模の拡散（移民）が、今、役割（反対給付）のない国に起こっており、その移動先（新天地）は、余剰エネルギーがある（高エネルギー生活をしている）先進国になる。

しかし、先進国といえども、ニッチ（生態的地位）の制限があり、無制限に大量の難民を受け入れるわけにはいかない。

仕事があるなら、企業は移民（安い労働力）を歓迎するが、地元の労働者には排斥感性が働き、反対運動が起こる。

移民一世は、差別されても、母国よりはまだいいと、なんとか辛抱できるが、母国の実情を知らない2〜3世（若者）は、差別（偏見）に耐えられない。

役割（職）のない青年は、生き甲斐（役割）を与えるIS等のリクルートに魅かれていく。

途上国には、地味に努力・工夫をする二宮金次郎のような見本（人材）が必要になる。

個性を引き出すには全員参加型だが、機動性は俺についてこいの型が勝る。

途上国の発展は、俺についてこい型から、全員参加型になっていくのがよさそうである。

## (4) 役割を与えたヒトラー

ヒトラーは姑息な手段ではなく、民主憲法の下で国民の支持を得て政権を獲得した。

彼は、第一次世界大戦の莫大な賠償と世界恐慌の煽りでどん底（超インフレ）だったドイツ経済を、価格統制やデノミ等によって安定させる。

貯蓄奨励、ユダヤ人の資産を没収、偽装国債まで発行して資金を確保した。

彼が、絶大な支持を得て総統となったのは、この資金を公共事業（アウトバーン建設）やワーゲン等の自動車・軍事産業、軍隊の整備に回して莫大な雇用（パン）を産みだし、大量の失業者を吸収・救済することに成功し、福祉を充実させ社会を安定させたからであり、演説も含め、まさしく一時は、国民の願いに応えるリーダー（総統）だった。

しかし、その後は、過剰な軍隊、設備を抱え、優生思想等に基づき、侵略戦争、ホロコースト等を始めた。

群れを結束・鼓舞する属性（栄光ある、勇猛な、神の……等々の子孫・末裔等）は、狩猟採集生活の時代からあり、ナチだけに限ったものではないが、問題は、排斥が強大な権力（全体主義）によって、組織的に行われたことにある。

＊勝手な思い込み（属性）を持った権力が生まれれば、いつ、ユダヤ人とドイツ人の立場が逆転してもおかしくはない。

ナチの芽（陥穽）は、あらゆる国家・民族にあり、現にイスラエルは、その勝手な属性（選民思想・シオニズム）に基づき、パレスチナを占領し、世界の顰蹙を買っている。

### (5) フランス（自由、平等、博愛）

フランスの某出版社は、マホメット（イスラム）を風刺しテロを招いた。

国民は、この風刺を進歩したフランスの伝統（表現の自由）と考えているようだが、上から目線の大きな過ち（判断）をしている。

「表現の自由」は、フランスでは当たり前の価値観かもしれないが、国が変われば価値観も変わってしまうことを理解していない。

フランス人は、「自由」を普遍的な属性（価値観）と思い込んでいるが、革命以前のフランスの教会・貴族の旧体制（アンシャンレジーム）から見れば「自由」は、とんでもない話だった。

身分（序列）は生まれつき決まっているものであり、《自由や平等》を認めれば、社会は不安定化し、それまでの封建的価値観（王のための騎士道精神）を破壊するものだった。

しかし、産業革命が進む中で成長した富裕層（ブルジョアジー）は、王侯・貴族等の専横（課税権等）に不満を持ち、市民革命を起こした。

アメリカの独立宣言等の影響を受けた革命だったが、その時掲げられた大義名分（価値観）が、《自由・平等・博愛》を説いたルソーやヴォルテールの啓蒙思想だった。

旧体制にとっては、認められない方便（市民のこじつけ）だったが、革命（武力闘争）により、新体制（今日のフランス）では当たり前の属性（価値観）になってしまった。

しかし、何を正当（正義）とするか、自由・平等をどこまで認めるかは、旧体制側から見るか、市民側から見るかによって変わり、どちらが進み、遅れているなどとはいえない。

中世のフランスで、もし、キリストを侮蔑する風刺画を描いたなら、悪魔の所業として火あぶりや串刺しの刑にされた筈である。

敬虔なムスリムは、この中世フランスと同じ世界観（価値観）で生きている。

某出版社の風刺は、その中世にキリスト侮蔑の風刺画を持ちこんだようなものなのである。

反発されるのは当然で、そこで、今のフランスの価値観（自由）をいくら持ち出しても、受け入れられるはずもない。

《自由》を標榜するなら、相手の自由（信仰等）も尊重（リスペクト）すべきで、一方的な価値観を押し付ける風刺の自由は、その配慮を全く欠いていると言わなければならない。（日本の原発事故に対する風刺も同様だった！）

腐敗権力を揶揄するならまだしも、権力も財力もないムスリム（移住者・弱者）の心の支え（神聖な預言者）を風刺するのは、富者が貧者をあざける侮別（蔑視）であり、これを一概にユーモア（表現の自由）と片付けるわけにはいかない。

フランス人は、酒を飲み、豚肉を食べ、マホメットが馬鹿にされても気にしないおおらかな？（鈍感で堕落した）ムスリムを望んでいるらしいが、敬虔なムスリムに《預言者の風刺》など受け入れられるはずもない。

属性（伝統・価値観）は、国や民族、時代で変わってくるのが分からず、この相手への配慮を欠いた風刺を肯定するフランスは、人を見下す低俗で驕慢な国といわなければならない。

＊かつては異教だったキリスト教がヨーロッパを覆い、大航海時代が始まると、神が自分に似せて人間をつくったという白人優先の価値観で、アフリカンを人間扱いせずに奴隷貿易を始め、アジアを席巻し、新大陸の富を奪って何の痛痒も感じず爵位を上げていた。

狼は、鏡に映った自分が分からないため、イルカやチンパンジーより知能が低いと貶められているが、たまたま視覚より臭覚・聴覚を発達させただけで、狼は極めて高度・知性的であり、大まかな役割分担もあり、余計ななわばり侵略などはしない愛情あふれる動物なのだが、キリスト教的価値観（グリム童話等）で長い間不当に悪役にされてきた。自由や所有権は、排斥ソフト（エゴ・本能）の解放（我儘）であり、産業革命後、外敵もなく、新たな発明・発見が、たまたま富につながっただけで、かつて、自由は、淘汰（死）に直結する惧れがあったことを忘れてはならない。

自由を標榜するなら、ブルキニの自由も認め、キリストは不義の子、ローマ法王は虎（神）の威を借るキツネと風刺するべきではないのか。

人権（自由・平等・博愛）を掲げる欧州に、難民が押し寄せ、その対応に苦慮している。経済力のある国（独・仏）は、それなりに難民（低賃金労働者）を受け入れることができるが、自国民の仕事さえない東欧は、難民を受け入れられない。

有限の環境（なわばり）で養える生命量は決まっており、自分の群れの税金を使って別の群れの人間（難民）を養うことなどできない。

人権という価値観（属性）が定着するには、高い教育とエネルギー（経済的余裕）が必要であり、世界を見れば、これを実現している国は少ないのである。

同じ属性（キリスト教、民主主義）の欧州内ならまだしも、イスラム国にまで適用しようとするお人好しが低所得者に支持されるはずもなく、右翼の台頭を招いている。

英・独・仏は、莫大な化石燃料（エネルギー）の利用に成功し、人権（自由・平等・博愛）

を旗印とする市民階級が育ったが、インド・中国等は、化石燃料の利用が遅れ、富を序列によって分配する伝統で生きており、序列を覆すような人権（自由・平等）が重視されない。平等・博愛は普遍的な価値観ではないのに、ドイツ・フランスは、頭から普遍的なものと勘違いし、難民を受け入れようとしている。

独・仏も、異なる属性の群れにも人権を認めるなら、その前に《天は自ら助くる者を助く》という自己責任・民族自決の原則を改めて考えるべきで、いたずらに難民を受け入れるのは、苦労して豊かになった欧州（母屋）を赤の他人に貸すようなものである。

歴史上、欧州のような価値観で移民を受け入れた国は皆無であり、難民も《郷に入っては郷に従え》で価値観を変えるなら別だが、異なる群れに入れてもらうのに、自分の価値観（宗教等）をそのままにしては、反発されて当然である。

難民は、たとえ、受け入れられても、２～３世の世代までは差別に苦しむことになる。

## ⑹ 日本

日本の価値観（属性）も、大きく変わってきた。

下剋上の戦国時代から天下泰平の江戸時代に入ると、幕藩体制になり、武士道や滅私奉公等の価値観（朱子学）が藩校・寺子屋等で奨励され、識字率が上がる。

その後外圧から幕藩体制は崩壊、明治維新によって国民皆兵の天皇制になった。

富国強兵のために殖産興業政策がとられ、西洋技術を積極的に導入して生糸等を輸出し、国内インフラ（鉄道等）を整備、製鉄・造船等の重工業を発展させていく。

日本は、近代化で清に勝ち、さらに、ロシアにかろうじて勝ったことで慢心する。

第一次世界大戦後、アメリカの好景気が続いたが、過剰投資が意識されて損失回避の株売りが始まると、これが、さらに不安を煽り、株価は大暴落した。

信用不安のスパイラルで経済は急速に収縮、貨幣の流れが遮断されて多臓器不全の状態に陥り、これが各国に伝播し世界恐慌となった。

英・仏・米は、とりあえず、自国の貨幣（血液）の流れだけでも回復させようと、守り優先のブロック経済やニューデール政策を実施するが、資源のない日本は、この貿易封鎖の直撃を受け、国を養うために、起死回生の資源（エネルギー・領土）獲得戦争を始めた。

しかし、既に、戦争は、総力戦の時代になっており、木炭車や竹槍の精神論（大和魂、神風）では、勝てるはずも無く、B29で家や家族を失い、原爆まで落とされ、全面降伏した。

三百万もの若者が補給物資（食糧、武器）も無いまま各地（東南アジア等）で犬死にしていった。

肝心の情報戦でも負けており、身の程知らずで建前に終始した大本営の責任は極めて重い。

戦後、日本は奇跡的な経済成長を遂げたが、それは、アメリカ経済を見本にし、アメリカが、それまでに要した多くの失敗や遠回り（時間とエネルギー）を省略（回避）できたためで、驚くにはあたらず、日本人が特別優秀だったわけではない。

経済成長は、後発国ほど、この先行投資省略の恩恵を受けることになり、それが中国のような国家ぐるみの政策が可能なら、なおさら急激に成長しゴールド・ラッシュとなるが、その弊害（公害等のしわ寄せ）とゴーストタウン（ゼロ成長）が、やがて必ずやってくる。

### (7) ジャスミン革命（ムスリムの誤解）

祖先は、長い狩猟採集生活の中で、リーダーに役割（分配）を采配する高い権限と責任を与えてきた。

もし、リーダーが、役割や分配を適切に与えられなければ、新たなリーダーが選ばれてきた。

この行動様式は、いまでも続き、雇用・賃金を確保し国を安定させることが指導者の最大の責務となり、失業率は政権存続の目安になっている。

ある程度エネルギー（富）があれば、少々いい加減な采配でも群れ（国）は維持出来るが、アフリカ北部の政権は、不公平な人事（富の分配）で、この限度を超えてしまっていた。

役割（仕事）のない若者等（失業者）に政権を守ろうとする意思（群れの絆）などなく、北アフリカの政権は、事あれば暴発する付和雷同の群れ（革命予備軍）をつくりだしていた。

この群れに、民主主義という新たな属性（価値観・プロパガンダ）が吹き込まれた。

聞くところでは、民主主義の社会になれば、平等に役割（仕事）が貰えるらしい。

若者等は、自由と平等、すなわち仕事（分配）を求めて政権（リーダー）を変えようとした。

民主主義を鵜呑みにしたジャスミン革命（アラブの春）である。

その結果はどうなったか。

政権は転覆したが、かえって、革命の余波で経済活動（観光産業等）は打撃を受け、ますます、雇用を減らすことになった。

気がつけば、かつての平穏な街は破壊されて、失業者がさらに増え、不平等でも以前の抑圧（腐敗）体制の方が良かったということになったが、後の祭りである。

独裁（独占）もよくないが、無秩序よりはましである。

そもそも、インシャラーで神に絶対服従を強いる属性の国（イスラム）に、神と対峙するような民主主義（国民主権や人権の尊重、表現の自由等）は、基本的に馴染まない。

これらを考えず民主主義という西洋の価値観（幻想）に同調した結果、収拾がつかなくなり、軍事独裁が再び始まってしまった。

若者は、経験や忍耐力がないため革新（自由）を選び、時にはこれで成功するが、責任が伴わない自由・平等など許されるはずもなく、混乱を招くだけである。

民主主義は万能ではなく、衆愚政治という落とし穴があり、一方、宗教も、ＩＳ・ボコハラム・オウムのように、神の名を借りて、命じられた役割（ジハードやテロ）を何も考えず実行していく狂気の集団をつくりあげる。

フセイン、カダフィーの独裁の功罪は、歴史の判断を待たなければならない。

生命に自由などない。

高い樹に平気で登り、猛獣がひそむ夜間を怖がらずに徘徊し、毒を持つ蛇や昆虫が面白いなどといって触るようでは、サバンナでは命がいくらあっても足りない。

仲間に同調できない個体は、出る杭となって打たれて（淘汰されて）きたのである。

自由な行動は、エネルギーの浪費となるばかりか、危険をもたらす。

高・暗・閉所恐怖症や動物・虫嫌い、さらに人前で上がる等の感性（ソフト）は、身を守るために、悠久の淘汰の中でようやく点った一条の明かり（指針）なのである。

独占（所有権）というエゴの自由は、群れの結束を弱めるため抑えられていたが、莫大なエネルギー（富）によって開放され、資本主義の属性（価値観）になってしまった。

そして今では、危険だった自由（冒険的好奇心）が、科学技術を発展させている。

しかし、責任を伴わない自由などはない。

我々は、獲物（エネルギー）があれば、ライオンのように、むやみに狩りはせず、寝る（休む）べきなのである（好奇心は別だが……）。

《自由・平等》は、高い序列（王侯・貴族）をおとしめ、同列に引きずり込もうとするブルジョワジー（弱者）の陰謀・戦略（錦の御旗）であり、当時は、これを自分たち以外の下層階級や他民族にも与える気などは、さらさらなかった。

＊ギリシアや古代ローマの市民の権利（平等）も、奴隷等は対象外だった。

《平等》という属性（考え）は、狩り（群れ）の《やる気・モチベーション》を支えるために特別につくられたもので、役割分担（仕事）をしないなら、《働かざる者食うべからず》となり、これを第三者が主張する権利など、さらさらないのだが……。

ところが、この曰く付きの《自由・平等》が誤解、鵜呑みにされて広まった。

ジャスミン革命は抑圧（差別）からの解放（抵抗）のスローガンになったが、その受け皿（公明正大な選挙システムや、宗教・民族を超える属性）は用意されていなかった。

受け皿のない《ジャスミン革命》は、無秩序という混沌（混乱）だけをもたらした。

リーダー選びは、しばしば、血で血を洗うような内輪もめ（内部抗争）に発展する。

少しは不平等でも、《序列のための序列》を我慢して国を安定させた方がマシなことは、シリア、イラク等が示しており、混乱を避けるには今の中国にも適用した方がいいかもしれない。

《自由》には責任が伴い、必ずしも明るい未来を約束しないように、《平等》も、淘汰（競争）のない理想？社会でしかありえない。

そして、我々から、排斥のソフト（感性）を除くことはできない。

神の御心のままに（インシャラー！）が属性（伝統）の国では、人権はほどほどになるが、それでいいのである。

### ⑻ 同種擬態の独裁国

自由・平等の対極に、専制・独裁という差別の価値観がある。

独裁は、反対勢力を《出る杭》として排除するため、民衆は《出る杭》とならないために、仲間に同調して（紛れて）身の安全を図ろうとする。

これは一見すると平等に見えるが、第１類型の同種擬態と同じである。

戦前の一億玉砕・鬼畜米英のモードも、江戸時代の《お上第一》、《見ざる、聞かざる、言わざる》も、権力に睨まれないための同種擬態のモード・風潮だった。

人権無視の独裁では、合意のための手間・暇が省かれて政策が早く進むが、批判を許さない上意下達の命令のため、ホロコーストや玉砕、粛清に歯止めが利かなくなる。

毛沢東は大躍進運動、文化革命で、歴史遺産を破壊し、千万の有識者等を死に追いやって国を疲弊させ、強いて挙げられる功は、誰もが貧しいという《平等》だけだった。

＊カンボジアでも、おなじ価値観で、文化革命以上の破壊と殺りくが行われた。

その後、鄧小平によって国は経済成長したが、果実（富）は党が独占、分配したのは格差と環境破壊だが、昔（建国前の農奴状態）よりはましと容認されている。

国民は弾圧・粛清を怖れて同種擬態のモードになり、党批判はタブーとなっている。

その弟国は、兄以上の同種擬態の国をつくりあげている。

どんな体制でも、群れには利益を得る階層があり、とりあえずは仕えよう（尽くそう）とする人間がいるため（役割分担ソフトが働くため）、とんでもない独裁も、かろうじて維持される。

しかし、国民は、整然と行進をし、喜んで従っているように見えるが、面従腹背で不満が鬱積しているのは明らかである。

人権が守られる体制なら情報公開で改革も進むが、批判を許さない独裁（同種擬態の）国では、まともな改革は出来ない。

同種擬態の国は、チンパンジーや暴力団と同じで、《序列をあげてナンボ！》が全てである。

### ⑼ 宗教が国を動かす

アメリカ、フランス、アラブの社会では、宗教が今でも大きく関わっている。

彼らは、人智を超えた神を尊崇（信仰）することによって安心（加護）を得ている。

一時は、啓蒙思想により神の威光は失墜し、虚無、実存主義がうまれるが、これによって安心を求めるソフトが無くなるわけもなく、今日、神は、かえって、その勢いを増しつつある。

我々は、役割（目的）がなくては何をしたらいいか分からず、不毛な時間を過ごさなければならないが、信仰（戒律や苦行）は、この役割不在の空虚な時間、不安を埋めて充実した《生き甲斐》のある時間にしてくれる。

我々は、餌（パン）だけでは生きられない。

アブラハムは、信仰（神への忠誠）のために愛する子供を殺そうとし、慧可は、禅へ決意を示すために自分の肘を切り落とした。

ロケットが飛び、ティラノ（化石）が復元され、テレビ、ネットで様々な情報が飛び交っていても、人類の多くは神話（キリスト、ユダヤ、イスラム、ヒンドゥー、仏教等）の中で生きている。

我々は、権威に役割を与えられ（命令され）ることによって満足するサルなのである。役割は、何十万年、我々に物・心の分配をもたらしてきた。

仏教は《否定の否定》で色即是空に至ったが、ユダヤ、キリスト、イスラム教は、始めから、絶対服従（役割を疑わない契約）を強いており、神の点検（知性）を許さない。何を信じるかは自由で、自分に都合が悪い属性は受け入れなくてもいい。

進化論を認めては、創造主（神）を否定し、《神に仕える僕》という崇高な役割（信仰・生き甲斐）を失ってしまう。

世界は神が創造したのであり、そう信じても現実的には何の支障もない。

この精緻な世界が、偶然などによってつくられるはずは無いのである。

個人主義（排斥感性）が強い西洋では、人が信じられず契約が重視され、神が証人になるが、日本はムラ社会で、人間関係（助け合い・結や講）が濃厚なため、あえて、神に頼る必要はなかった。

日本人は、役割（絆）を現実の群れ（世間）の中で得ており、一般的な日本人の信仰対象は、契約の履行を強いる厳格な神ではなく、家内安全・無病息災を願うだけのゆるやかな八百万神（神仏混淆）になっている。

宗教を持たない民族はなく、役割を分担するサルの群れ（人類）は宗教によって支えられている。

弱い芦には、芯（行動規範）が必要で、その芯は宗教がつくりだしている。

人類は、エネルギーを確保し子孫を残すために《役割分担》を始めたが、この《仕掛け》は、ソフト（感性）だけでは機能しない。

役割を伝える言語、役割を仕切るリーダーが必要なのは勿論、ソフト（感性）をフォローする行動規範（伝統教育）が必要であり、祖先は、これを宗教を通して伝えてきた。

宗教は、キリスト教やイスラム教・仏教のように大増殖した宗教もあれば、シーラカンスのようにかろうじて生き残っている宗教もある。

日本は無宗教だというが、正月やお盆、宮参り等があり、清浄や祖先・神仏を尊ぶ価値観を持った立派な宗教国家なのである。

しかし、宗教は、信仰が深いほど教義（奇跡等）は絶対になり、実証主義（科学）は無視され、ガリレオの破門は、20世紀に入ってようやく解かれたほどだった。

宗教は科学知識がなかった時代につくられたため、様々な偏見・迷信（人間は霊の長、牛・

豚・羊は食べてもいいが鯨やイルカは食べてはならない、豚は食べないハラール、牛は神聖……右手で食べる等）があり、時代が変わっても、同調ソフトにより多くが守られている。

子供は、これらを何の疑いもなく信じてしまうが、他の知識（正しい歴史等）も学習する必要がある。

アメリカは、散々鯨をとっておきながら、今では先頭を切って日本の捕鯨を非難、さらにオーストラリアは鯨と縁もゆかりもない内陸国まで巻き込んで反対している。

彼らに言わせると、鯨やイルカは痛みを感じるが、牛・豚・羊は痛みを感じないらしい。

過去、キリスト教徒は先住民族を奴隷にし、その財宝を奪い、野生動物を絶滅させてきたが、今、自由や平等、人道主義や死刑廃止論を唱えている。

**＊宗教のシバリ（オウム）**

我々は役割から、物（エネルギー）だけではなく、心の栄養（生き甲斐）も受け取ってきた。

役割と関係のない異国の権力者（大統領）が何を言っても、我々はどうでもいいが、役割がある職場の上司の言葉となれば無視するわけにはいかない。

過酷な役割（仕事）を強いられ過労死するくらいなら、会社を辞めればいいと思うが、一旦その群れに入れば、様々なシバリ（絆・しがらみ）がうまれ、そうはできない。

まして、《真の群れ》である宗教指導者の命令は絶対となる。

オウムの信者を責めるのは、かつてのスターリンやヒトラー、現在の中国や北朝鮮の体制下で、国民は、なぜ体制を批判しないのか、神風特攻隊は拒否できたのではないかと言うに等しい。

オウム（カルト集団）は戦前の日本、ソ連、ドイツ以上の批判を許さない絶対的な群れであり、誰も逆らうことなどできなかった。

裁判官は、信仰（役割分担ソフト）が命（ハード）より優先され、殉教（伊勢長島の一向一揆・天草の乱・踏み絵等）まで起こしてきた歴史（宗教の恐ろしいシバリ）を知らないらしく、自分がオウム信者の立場になれば、どうなるかを全く想像せず、信者を、現行の法律（責任能力を備えた普通の人間として）で裁いてしまった。

我々は、もともと、理性では生きていない。

脳は、ソフトに情報を提供する道具（ツール）にすぎず、行動を決定するのは、あくまでもソフト（彫刻の表面）なのである。

人類は、《生き甲斐》をもたらすもの（神等）を、理性（科学や人権）より上位に置いている。

そして残念ながら、我々は宗教指導者を正しく選べず、ただ、従うようつくられている。

カタリ（詐欺師）に会った信者は、不運な交通事故にあったようなものである。

エセ尊師（グル）の死刑は当然だが、反省・後悔している信者は、この群れの特殊な属性

（宗教のシバリ）を考慮して、減刑すべきではなかったのか。

オウム事件は、役割分担ソフト（生き甲斐・彫刻の表面）が引き起こす負の側面である。

アイヒマンになるか、それとも杉原千畝になるのかは、自らの価値観と、覚悟によって異なってくる。

入力された属性（レッテル）を鵜呑みにしたＩＳやタリバン、紅衛兵、クメール・ルージュは、同じ民族（祖先）が生涯をかけてつくりあげた文化・伝統（物・心）を躊躇なく破壊していく。

様々な属性（レッテル、名札、価値観）が歴史の中で、つくられては消えていった。
＊イスラム教は偶像崇拝を禁止しているが、かつてはキリスト教や仏教も、禁止されていた。

基本機能（ハード）だけでは、結晶と同じで何もできない。

細々と子孫を残すだけの単細胞状態が億年続いたが、光合成細菌（シアノバクテリア）がうまれ、酸素が放出されるようになると劇的な変化が起こる。

酸素はコレステロール（接着剤）の材料となって生命は多細胞化し、淘汰情報を、その変異（遺伝子）に採りこみ、大変身（細胞の役割分担・カンブリア爆発）を始めた。

変異（彫刻の表面）は、構造系と行動系が交互に凝縮進化し生き残りソフトとなっていく。
＊ソフトは年輪のように、ソフトの上に新たなソフトを纏っていくため、前のソフト（年輪）を無視するような突然変異（ジャンプ）はありえない。

人類の発生（魚からヒトへの構造系進化）は、目に見えない行動系ソフト（感性）の進化によって促されてきた。

群れをつくる（同調する）には、仲間に関心を持つ感性と、その行動を分析する脳（構造系）が必要で、なわばり・序列をつくる（反発する）には、さらに、テリトリーやライバルの属性（姿形・臭いや強さ）を記憶する脳（メモリー）が必要になる。

脳（メモリー）のない種（昆虫等）は遺伝情報に反応するだけだが、この脳を持った種は、後天的に入力した情報に反応する情報伝達種となり、環境適応力を飛躍的に高める。

祖先は、さらにサバンナで、餌や安全を確保するために役割分担を始め、莫大な情報を蓄積するようになる。

役割分担によって、脳は急速に肥大化し、好奇心ソフト（感性）も開花させた。

## 3　属性の選択

《役割を持ってナンボ！》になった我々（情報伝達種）は、様々な情報の中から、先ずは、役割分担に係る情報（義務や責任が伴う命令等）に反応していく。

次は、群れの属性（夫婦、家族、友人、社会人、さらに人種・言語・民族・国家・イデオロギー等としての役割）に従って反応（同調・排斥）、好奇心が働く趣味等は、オタク等を除き、通常は後回しになってくる。

属性が曖昧な《かりそめの群れ》では、同調、排斥ソフトも本格起動しないが、属性が明快な群れ（右翼やサポーター）では、役割分担も起動し、活気溢れる群れになる。

大きな属性（権力やイデオロギー、経済力）によって、モンゴル帝国やソ連邦・アメリカのような超大国ができるが、その属性が取り払われれば、ソ連邦崩壊後の東欧等のように、抑えられていた小さな属性（宗教・民族等）が顔を出し、国は分裂していく。

この異なる属性（民族・宗教等）間の紛争を避けるためには、大きな属性（理念）が必要だが、次々と生まれてくる新世代に、この情報を伝え理解させるのは容易ではない。

情報（人権等）を学習する機会がなければ、ＩＳのように、古い価値観（既存の宗教）のまま、何のためらいもなく暴力がふるわれることになる。

ソフト（本能・彫刻の表面）は、《人権》のような思慮ある行動とは無縁であり、経験や智恵は、伝達されなければ、あっというまに消えてしまう。

複雑高度な価値観を伝え続けるには、多くの時間とエネルギーが必要になる。

生まれつき運不運、不平等があるのに、なぜ平等・博愛が叫ばれるのかは、順序だてて丁寧に説明しなければならず、中途半端な理解（鵜呑み）では、フランスの自由、ジャスミン革命、国連の人道援助、ドイツの無制限の難民の受け入れ等となってしまう。

選挙権も、経済発展（富の増加）に伴い、王侯・貴族・教会が独占していた体制から、やっとブルジョア男性も政治参加できる体制になり、さらに一般成人男性、そして女性へと徐々に拡大してきたのであり、この成果は、安易に、外国人にまで適用されるものではない。

チンパンジーは役割分担しないため、大規模な戦争を起こせないが、人類は、憶測された属性（宗教、民族等）で役割分担（合従連合）をするため、大戦争（大量殺戮）を引き起こす。ソフト（彫刻の表面）に理屈などなく、戦場では、同じ属性かどうかだけが問われ、「山！川！」のたった一言で、我々の生・死（敵・味方）が分かれてしまう。

憶測で生まれた神に確たる定義や根拠などあるはずもなく、解釈はコロコロと変わり、キリスト教は旧・新教に、イスラム教はスンニ派、シーア派に、仏教は大乗、小乗等々と分かれ、今でも新たな解釈が生まれている。

宗教は慈悲や平等を説くが、同じ属性（神）の下での話であり、我々は、排斥ソフトに従い、元は同じでも分かれた属性には群れをつくって反発してしまう。反発は反発を呼び、報復の連鎖が始まり、復讐が生き甲斐（人生）にまでなっていく。

敵味方とも同じ神の名を叫んで死んでいくが、神が現れることはない。

どうでもいい《こじ付けや思い込み》によって、世界は分断され、いまもテロや差別が止まらない。

我々は属性に反応し役割を分担していく。

若者は命ぜられるまま戦場に向かい、相手には何の恨みもないのに殺し合う。

命令（役割分担）を拒否すれば、非国民という異なる属性のレッテル（仕打ち）を貼られ、群れにはいられなくなるからであり、それは死に等しい。

## 属性に付いてくるオマケ

属性には、命令（役割）のような情報だけでなく、人種、民族、血縁のように変更できないものや、宗教・言語・国家・思想のようにある程度は変更可能なもの、趣味・趣向のように自由に選択できるものがあり、赤ん坊は、成長するにつれて様々な属性を身につけていく。

そして、属性には役割分担の感性（憶測）が働き、異なる様々なおまけ（連想、思惑、尾鰭）、ご利益が付いてくる。

どうせ選ぶなら、同調できて序列を上げる《おまけ》がある属性の方がいい。

### (1) 国民という属性（アポロ宇宙船）

アポロ宇宙船の月面着陸（偉業）は、アメリカ（国民）の誇りとなっている。

殆どのアメリカ人は、アポロとは何の関係もないが、自分がいる国が成功したという《おまけの連想》で、我が事のように《お国自慢》をしてしまう。

同じ鼻高効果（お国自慢・愛国精神・国威高揚）を狙って、各国も、ロケット開発に力を入れている。

しかし、考えてみれば、アポロの偉業は、アメリカ一国に帰するものではない。

アポロの偉業には、これを支える政治・経済力だけでなく、火の利用に始まる狩猟採集、農耕・牧畜の技術から、文字の発明、印刷術、化学、物理、機械工学、医学や電気・通信、そして航空・宇宙産業等が必要で、どれ一つ欠けても成功はない。偉業は、先人の経験・知識の上に成り立ったものであり、ニュートンやアインシュタインも、文字も無い未開の地に生まれては、開花のしようがない。

小さな池に、大魚は生まれない。

彼ら（天才）は、広い裾野（多くの人類遺伝子）がつくりだした頂上なのであり、サバンナの原人からニューヨークのエリートまでが何らかの形で関わって（支えて）いる。

アポロの偉業は、人類の悠久の歴史の賜物で、強いて言えば、地球生命の誇りといってもいいものなのだが、我々は、オマケで、《おらが国は……》と自慢している。

属性の果実《見返り》は、本来は役割分担（納税、兵役等の義務・責任）をしたものに帰すべきだが、我々は、イソップ物語の《コウモリ》のように《いいとこどり》をしようとする。

我々はおまけ（混同）を簡単に受け入れ、株も、このおまけ（思惑）で動いている。

## ⑵ ファン・サポーター、人種主義者、何某の末裔

球場の観客には、入場料という審査（参加資格）が必要だが、単に、ファンやサポーターになるだけなら、このような審査はない（信仰も同じである）。

自分の好みに従って選択すればよく、《蓼食う虫も……》となるが、その裏には、様々な《おまけ》が見え隠れする。

膚の色は、日照という環境情報を採り入れた結果で、それ以外に何の優劣（価値）もないが、KKKという団体は、時代錯誤（植民地時代）のキリスト教的価値観（白人至上主義）で、自分の膚の色を強調（選択）している。

同じように、何某の末裔と称して、そのおまけ（威光）にあやかり、《濡れ手に粟》の見返りを得ようする人間も多い。

何十代目ともなれば、祖先とは全く関係のない別人なのだが、我々は《風が吹けば……》の憶測で、ついつい、彼らの思惑（擬態）にはまり、敬意を払ってしまう。

元の属性とおまけの属性（思惑、尾鰭）とは、厳密に区別されるべきだが、アバウトな我々は、この連想（おまけ・混同）を簡単に受け入れてしまう。

属性の《おまけ》、すなわち、憶測は、あらゆる属性に働き、群れの帰趨をも左右していく。

我々情報伝達種は《孟母三遷》であり、環境（入力情報）次第でどうにでもなっていく。

そして、我々の行動規範の多くは宗教等を通して伝達されてきた。

この方法は今でも変わらず、世界は、ユダヤ教、キリスト教、イスラム教、ヒンドゥー教、儒教、八百万の神々等の世界観（行動規範）に従って動いている。

キリスト教圏で育てば、キリスト教の教義・戒律を守るキリスト教徒となり、イスラム教圏で育てば、同様にイスラム教を行動規範とするイスラム教徒となっていく。

先進国とされるアメリカでも、キリスト教の世界観をそのまま信じる国民が多くいて、それが共和党の行動規範（価値観）となっている。

しかし、憶測でつくられた宗教にはおまけの迷信が多い。

現代科学では認められない天地創造や約束の地、儒教では中華思想等のおまけ（迷妄）が、世界に混乱と争いをもたらしている。

今ほど、啓蒙（合理的な思考）が求められる時代はないのだが、残念ながら、世界は、この妄想（迷信）をそのままにし、人類がようやく手にした科学技術や莫大なエネルギーを、この妄想（おまけ）のために使っている。

そして、韓国は、儒教を採り入れ、長い間、行動規範としてきた。

## ⑶ 儒教の属性

蜜蜂はローヤルゼリーで女王をつくり、役割分担をしっかり固定しているが、サルや狼の群れでは、個体の実力（体力・知力）の順位でリーダーが選ばれ、群れを導く。

しかし、人類のリーダーは個人の実力だけでなく、環境によって、様々な基準で選ばれ、序列や役割、分配等を決める大きな権限が与えられてきた。

戦時下なら、チャーチルやドゴールのように愛国心（なわばり意識）を持った指導者が求められるが、平和になれば疎まれてくる。

カリスマ（チンギスハーン、徳川家康等）の権威は、お墨付きで絶対だが、その子孫になると、すんなりリーダーが決まらず、内紛で群れが分裂することもある。

戦乱が続いた古代中国（春秋戦国時代）では、諸子百家（老子、荘子、法家や墨家等）が輩出、孔子は、徳を持ったリーダーが、仁や義、礼等によって国を治める儒教を説いた。

儒教は、身分相応の行動（敬って礼をする等）や服装等（高貴な色、装飾）の形式を重視する。

儒教は、政権の安定に都合がいいため、中国では歴代の王朝が採り入れた。

しかし、序列優先が進むと、権力を笠に着た我儘（専横）や、権力に媚びる汚職（賄賂）が蔓延して政治は腐敗、民は基準（法・平等）を失って勤労意欲は減退、国は衰退し、頼れるものは同郷・血縁親族関係になってくる。

＊秦の始皇帝は、この状況を、度量衡の統一や、宰相さえ例外としない信賞必罰の平等な法によって克服、富国強兵を実現し中国を統一したが、その死後は、宦官（権力）の《鹿を指して馬とする》事実無視の体制をつくり、あっという間に滅亡してしまった。

李氏朝鮮は、この儒教を採り入れ、両班（世襲の特権階級）から官僚を選び、国を支配した。

＊世襲は、本人の能力とは無関係だが、農畜産物の余剰エネルギーがこれを許し、世界中に王侯・貴族、カースト制度等がうまれている。

案の定、儒教は、《祖霊信仰、長幼の序》で、目上に逆らわず合理性（法や平等）は後回しにする事大主義の伝統をつくりあげた。

両班は、儒教の価値観で、体を使う労働は、身分の低い者がやるものとして一切せず、接客や祭祀、官僚試験の勉強に明け暮れ、19世紀末に韓国を訪れたイザベラ・バードは、この両班を、ただ民を搾取するだけの《公認の吸血鬼》と評した。

働いて何がしかを得ても、両班に難癖をつけられて取られては、働く気など無くなり、さらに、約束が権力によって簡単に反故にされるようでは、信用が前提の商売など成り立たない。

李氏朝鮮は、道や橋も整備されず、汚物まみれ、物々交換の経済社会に留まった。民には、努力してもどうにもならないというあきらめと、儒教のかくあるべきという願望が入り混じった《恨》が生まれる。

信（法や平等）がなく、差別しかない建前の社会に絆（結束）などなく、秀吉の朝鮮出兵や日韓併合では、敵（日本）への協力者もいたという。

日韓併合時日本は、列強のような差別はせず、莫大な投資をしてインフラ（道路・橋・鉄道、衛生環境等）を整備、学校を建てハングルも普及させた。

その結果、人口は倍増し、平均寿命も大きく延びたが、特権と誇りを奪われた両班は、日本が撤退すると大々的な反日キャンペーンを始める。

日本の功績を認めては、数百年間、日本を東夷と蔑んできた両班の権威（プライド）、祖霊信仰、長幼の序等の伝統が崩れてしまう。

このため、両班は、自国の発展は自力で成し遂げられた筈で、かえって、日本は併合により、これを妨げたとする事実無視の《かくあるべき歴史観》を展開していく。

併合で恩恵を受けた国民は多かったが、この歴史観に異を唱えれば、自分は両班ではない利益を受けた下層民や非国民として排斥されるため、表立って、日本非難に反対できない。

併合の結果（事実）を記憶する年寄りが少なくなると、韓国は、一挙に事実を無視し序列（本能）で判断する両班の伝統（思考）に回帰、過去の清算と称して、ユダヤを排斥したヒトラーのように、親日者の財産を没収する遡及法までつくりあげる。

法の安定や歴史を無視し、権力に摺り寄り、失脚すればあっという間に手のひらを返す両班的思考の国の大統領には、哀れな末路（宿命）が待っている。

朝鮮は、何度も中国に侵略されていながら、恩恵もあった中華思想の建前（事大主義）で何も言わない。

その反動が、日本（東夷）に向かう。

いい迷惑だが、儒教の色メガネをかけると、日本の功績は全て消え、失った部分（特権・プライド）だけがあぶり出され、覆水を盆に返すような反日教育を始める。

嘘が当たり前の両班に、武士に二言は無く、約束を違えば潔く腹を切ることなど信じられない。

両班政治家は、国民の受け（自尊心）をねらってか、日本に高飛車のポーズをとるが、日本が大人しいのは《三方よし》の伝統のためで、いざとなれば、元や清、ロシアやアメリカとも戦い、原爆を落とさなければ降伏しないと怖れられた国と知っているのだろうか。

弱い犬ほどよく吠えるというが、排斥には排斥が働き、こちらまでおかしくなってくる。

テレビで見る韓国のおばちゃん達は親切で、食べ物も美味そうだが、色メガネをかけた両班思考にはうんざりで、まともなつき合いなどできない。

朝鮮出兵（大明征服）に、日本の大名は反対で、秀吉の逆鱗を怖れての出兵（役割分担）で、元寇につきあわされ日本を攻めた朝鮮と同じなのだが、そんなことなど両班は考えない。


20万？もの娘が慰安婦として強制的に連行されたといっている。

世界の歴史を見れば、よくある話だが、これが事実なら、日本では暴動もので、自決する娘も出るところだが、彼女達の親は黙って見ていたらしい。

日本なら、自分の娘を守れない親の体たらくを、恥として隠すところだが、韓国はこれを像を立てて世界に喧伝している。

いいことは全て自分、悪いのは全て他人のせいにする、両班ならではの発想である。

彼らは、《かくあるべき》という色メガネで、《歴史認識が足りない》と言っているが、日本の撤退時、日本の婦女に、また済州島やベトナムで、何をしてきたのか知らないらしい。

歴史は、血で血を洗う王朝の交代であり、侵略行為は当たり前なのだが、韓国は、どうしても、日本より上になりたいらしく、現在の価値観で過去（当時の日本）を責め、これに対し、人のいい日本は、韓国と戦い被害を与えたわけでもないのに賠償に応じてきた。

創氏改名や在日問題にも、いろいろな解釈があり、一方的には判断できない。

国家総動員法・国民徴用令で、全ての日本国民が、学徒出陣、勤労奉仕、金属供出等を強いられた中で、徴用工はどうなのか。

歴史に、一方的な解釈などありえない。

歴史の評価は《両論併記》とすればよく、問題は事実の確認だけである。

中国も序列優先の伝統で、国交正常化後の日本の協力を無視し、反日を繰り返している。儒教国に真の人権などはなく、《虎や蠅を追う》も国民のためではなく、自分（権力）のためで、都合が悪ければ国際法は無視し、南の島を我が物にしようとしている。大躍進政策や文化革命で数千万の犠牲者を出しながら、これをおくびにも出さず、南京虐殺を誇張し、日本に《歴史認識が足りない》と言ってくるのは韓国そっくりである。

我々は、日本で育てば日本語を憶え、韓国で育てば韓国語を話すようになる。アジア人でも、回教圏で育てられればムスリムになり、たとえアラブ人でも儒教を刷り込まれれば、神より祖先の方が大事になってくる。

小さな遺伝子に、《誰がどうした等》の民族の歴史（記憶）など刻めるはずもないが、祖霊信仰に染まると、《千年の恨》というとてつもない発想がうまれてくる。

偉大な民族などといっているが、中国の歴史は、人が多かったからつくられただけで、歴史遺産を破壊してきた今の共産党とは何の関係もなく、いえる資格などない。

億千万年かけてつくられた本能（同調・排斥のソフト）は極めて強固であり、たった数十万年しかない狩猟採集生活の伝統（平等な分配）など、簡単に吹き飛ばしてしまう。

韓国は、この本能、すなわち、《坊主憎けりゃ……》の排斥ソフトと《皆で渡れば》の同調のソフトで、ヌーの大暴走のような《国民情緒法》をつくりあげ、対馬の仏像を返そうとはしない。

対馬の寺は、《崇儒廃仏》で破却される運命の仏像を大切に守っていたが、韓国は、仏像は倭寇に奪われたなどといって返却せず、違法行為（盗み）を肯定している。

しかし、本能優先で法を無視していては、いつかは事故を招くことになる。

それがセウォル号事件で起こった。

利益優先で安全基準（法）を無視し、さらに、長幼の序で高校生に自主的判断をさせなかったため、大きな事故につながってしまった。

他国のものを盗み、理屈をつけ自分のものにできるなら、故宮博物院や大英博物館の宝も、盗んでいいことになってしまうのだが……。

長く続いた伝統（価値観）には慣性が働き、これを変えるのは容易ではない。


李氏朝鮮は、儒教（序列）を選択し、仏教の平等を排斥した（当時の仏教は乱れていた）。

日本にも、儒教が入ったが、欲を戒める仏教や穢れを祓う神道があったため、権力に笠を着る悪代官もいるにはいたが、大筋では正直は善とされ、騙すより、騙された方がいいと考える人もいるほどで、騙した方が得とする朝鮮（両班）とは一線を画している。

日本には、《仇討ち》もあるが、《恩讐の彼方》で過去を水に流す出家も認められた。

しかし、韓国の祖霊信仰は、族譜と結びつき過去を水に流すことなどできない。

儒教は、たとえ血がつながっていても、《孟母三遷》で千年の恨など説かないが、族譜により、子孫は祖先と一心同体になり、《江戸の敵は長崎》以上のとんでもない理屈（千年の恨）をつくりだす。

これは、孔子の末裔は、全て孔子と同じといっているようなものだが、我々は、ついつい、世襲のフェイク（おまけ）に乗ってしまう。

しかし、末裔の職業は様々であり、決して誰もが孔子様（学者等）とはなっていない。
＊人類の序列に血統は重要な基準で、牛若丸は、源氏の末裔と聞かされて平家打倒を決意し剣の修業を始めており、韓国ばかりを責めるわけにはいかないが……。
韓国の良き伝統（祖霊信仰、長幼の序）は、祖先を憑依（タイムスリップ）させる。《千年の恨》を引き継ぐ国は、祖先（ゾンビ）が支配する魔界（パラレルワールド）であり、両班の子孫は、過去に縛られ、永久に恨みを発し続けなければならない。

この無茶振り（しつこさ）には驚かされるが、両班を、血統にこだわり序列を主張する人種主義者（ＫＫＫ）とすれば、反日も納得できないことはない。

韓国はノーベル賞が欲しいらしい。

しかし、儒教国には事実を歪曲・捏造し、真理を無視する伝統があり、さらに、学問は、偉くなるための手段のため、教授の学説（権威）を損なうような画期的発明・発見は難しい。

しかし、安心してよく、ノーベル賞は、必ずしも優秀な人間（族譜）だけを選んではいない。

平和賞もあり、エゴを捨て、世界（人類）に貢献した人間が顕彰されている。

毛沢東は、儒教（封建主義・身分差別）を批判し平等な社会体制を掲げたが、もたらしたのは平等な貧困と貴重な文化遺産の破壊、そして何千万人もの犠牲だった（カンボジアも）。

権力（共産党）は、この事実を隠ぺいし、触れること（反省）さえ許さない。

改革開放で経済成長が始まると、党は賄賂社会をつくり、これを維持するために、再びかつて批判した序列優先の古代の中華思想に戻り、孔子学院をつくり九段線まで主張している。

これを認めては、世界は覇道の世界に戻ってしまう。

国際法を無視する中国に常任理事国の資格などなく、今のロシア、アメリカも同様である。

序列優先の儒教国家に、感謝や三方よしの約束はない。

レッテル（名札）
キリスト教は、異端・異教の属性（レッテル）で十字軍、魔女狩り、宗教戦争を行い、ヒトラーは優生思想（妄想）でユダヤ人の迫害を始め、日本は大和民族を属性に皇民化政策を進め、スターリン、毛沢東も反革命分子のレッテルで自国民数千万人を死に追いやり、アメリカもレッテル貼りで日系を強制収容し、赤狩りや人種差別をしてきた。
千年続いた神（ゼウス）の祭典（オリンピック）も、異なるレッテル（キリスト教の神）によって消滅した。

当時は常識であっても、時代が進めば、夢から覚めたかのように変わってしまう。

後から考えれば、どうでもいい属性（レッテル）だが、我々は、この属性（黒猫は悪魔の使い等）に反応（右往左往）し、同調・排斥・役割分担してしまう。

我々は、レッテル（名札）なしでは群れをつくれず、敵・味方も分からなくなってしまう。

レッテルなしの効用もあるが、我々のソフトには属性の区別（レッテル）は欠かせず、そこには、様々な《おまけ》がついてくる。

区別（趣味、趣向）までならいいが、そこに分配が関わってくると、差別（排斥）のソフトが起動、世襲を説く王権神授説や儒教等が力を得てくる。

この差別をなくすために、理性を重視する啓蒙（人権等）思想が生まれるが、これも、伝達（学習・周知）されなければ消滅する運命にある。

人権には、長く続いた狩猟採集生活の智恵が詰まっているが、人権を標榜する国が、今もキリスト教のレッテル張り（価値観）で差別する反捕鯨等の実態もある。

日韓交流がさらに進めば、若者に平等（リスペクト）精神が浸透し、両班（権威主義）の伝統は薄れていくはずだが……。

## ⑷ 感性（ソフト）こそ真実

我々は、本当は、レッテルなどどうでもよく、ソフトが発する感性こそが真実なのである。

しかしソフトは、レッテルなしでは動けない。

我々は、否定的な《根暗な性格》でも、一番と聞けば誇らしくなり、たとえ悪事でも仲間と同調すれば楽しくなる。

苦しい生活でも、仲間がいれば元気づけられ、反対に、どんなに豊かな環境でも、差別されれば疎外感、反発が生まれてくる。

幸・不幸を決定するのはソフト（彫刻の表面）であり、《信じるものは救われる》、《赤信号、皆で……》で、理性（正義や法等）など、あっさり吹き飛ばしてしまう。

ニーチェは理性を重視し、《神は死んだ！》としたが、神（信仰）を否定すれば、数十万年かけてつくりあげた役割分担の絆（生き甲斐）が奪われ、虚無・実存主義が生まれてしまう。

ニーチェは、結局は、自ら招いた神（生き甲斐）の空白を補うべく《権力への意思、超人、永劫回帰等》で代替せざるをえなかった。

科学（脳・現実）と神（役割分担ソフトの感性）との折り合いは難しい。

我々は、実害が少ないなら《赤信号……》で、科学よりソフト（願望）を優先してしまう。

しかし、《赤信号……》が必ずしも安全ではないように、信仰の勝手な願望、すなわち《約束の地》を他者（パレスチナ人）に強制しては問題になってくる。

パレスチナ人にとっては、まるで、サンタクロースが空を飛んで襲ってきたようなムチャブリだが、福音派やユダヤ人は、ソフトに従って赤信号を無視する。

序列（レッテル）に反応する排斥のソフトが、韓国の祖霊（系譜）信仰、日本の国粋（民族）主義、人種主義の問題を起こしている。

世界には、スコットランド、カタルーニャのように歴史にこだわり、独立を望む地方がある。祖先の歴史は言語と同じで、たまたま掛けられた属性（レッテル）にすぎないが、これが現在の差別につながる（実害がある）と排斥感性に火がつき、名札への強い執着（同調）がうまれてくる。

しかし、我々には群れの属性が必要で、これも、一つの人生（選択）ではある。


砂漠で水を確保するのは大変だが、これを大変（苦）とするかどうかは、そこの住民が決めることで、便利な生活に慣れた我々の価値観を文明などと持ち込むわけにはいかない。

かつての中国は、物資不足で、売り手上位（ぶっきらぼうな対応・国民性）だったが、ものが余ってくれば、日本のように客に買っていただくという姿勢になってくる。

求められるリーダー像も、時代や立場で変わり、チャーチルやドゴールも平和な時代になれば疎まれ、アレキサンダーやチンギスハーンは、祖国では英雄だが、征服された国にとっては理不尽な侵略者である。

価値観は様々あるが、その中で、今日、世界に影響を与えているのがキリスト教的価値観である。

## (5) 国連の属性（共存、キリスト教的価値観）

草食動物のシカにとっては、肉食動物のオオカミなどいない方がいいかもしれない。しかし、そうなれば、一時はいいが、やがてシカは増えて、餌（草木）を食べ尽くし、シカは生きられなくなる。

食物連鎖は弱肉強食の世界だが、共存共栄（バランス・三方よし）の世界でもあり、一方的な正義（善・なんとかファースト）などは成立しない。

この共存共栄は、人類の経済（エネルギーの伝播）においても同じである。

資本（企業）が、利潤を増やすためにロボット開発（省力化・人件費削減）を進めれば、一時は一人勝ち（富の独占）となるが、やがて、購買層がいなくなり、株価（資産）は下落し、自分の首を絞めることになる。

シカが、生きるのに必死で目の前のことしか考えないように、祖先も、食べるために必死で開拓を進め、地球を、人類とその餌だけしかいない単調な生態系にしてきた。

地球は、これまで想像を超える様々な天変地異を経験しており、人類の環境破壊など春風のようなものだが、今の生態系にとっては、極めて深刻な問題となっている。

生態系が多様なら、ある程度ショック（温暖化・パンデミック等）を受け止められるが、単調な生態系は、小さなショックでも大きな影響を受け崩壊（絶滅）してしまう恐れがある。

自分中心の（三方よしを考えない）企業は、人間中心で生態系（動物等の権利）を考えないキリスト教の世界観に似ている。

この危うさに気付いた世界は、生態系の多様性（バランス）を崩すような、自然への介入（餌やり、乱獲等）を禁止するようになった。

ところが、国連は、人道支援と称して難民に食糧等を提供している。いいたくないが、これは、人類の異常増殖に加担し生態系を破壊していることにならないか。

国連が、環境（生態系）を無視し難民を支援する姿勢には、無為自然の老荘思想と異なった自然より人間を優先するキリスト教的価値観（旧約聖書）が働いている。

狩猟採集生活で生まれた《平等・助け合いの精神》が、キリスト教でも採り入れられている。

国連は、この価値観（人権）を鵜呑みにし、あらゆる国・個人に適用しようとしている。

人権は大きな属性のため加入国を増やしたが、この属性には限界（矛盾）があることを知っておく必要がある。

心だけなら無料で誰でも実現できるが、もの（食糧や領土）には限りがあり、これが適用できるのは仲間内だけで、異なる属性（国）には、むしろ排斥感性が働くのである。

エネルギー（経済）が豊かなら、大きな属性（くくり）で、なんとか移民も受け入れられるが、経済が悪化すれば、排斥感性は強まり、東欧のように反対運動（右翼が台頭）が起こり、独仏も、やがては受け入れられなくなってくる。

富（エネルギー）の分配方法（行動規範）は、環境（量と質）によって変わってくる。

地平線がはっきり見える厳しい砂漠では、自然は克服・支配すべきとする一神教（ユダヤ教等の価値観）がうまれ、緑豊かな森では、自然を畏れ敬い感謝する協調の八百万の神々がうまれ、中間？の環境では、序列によって分配する儒教がうまれた。

キリスト教は古代ローマを席巻してヨーロッパに広まり、その価値観でケルトの文化（森）を排斥し、新大陸の文明を破壊、先住民を虐殺し、土地を奪い、奴隷制を正当化し、バイソンを絶滅させ、鯨を燃料（油）にしてきた。

環境保護は、キリスト教圏でも見直されつつあるが、難民支援（欺瞞）は未だ続いており、牛・豚・羊は食べ物として平気で殺し、鯨やアザラシを殺すのは残酷という身勝手な論理（動物差別・偏見）で、日本やイヌイットの猟を非難し、犬・猫等を思いのまま虐待（改良）している。

福音派は、お伽噺（聖書）は信じ、事実（進化論・地動説）を見ない。

《約束の地》などという横紙破りが通っては、クリミア併合以上で世の中は真っ暗闇になってしまうが、国連は他人（パレスチナ人）の迷惑（難民）など考えない。

そろそろモグラ叩きのような支援（欺瞞）も考える時期に来ている。

人類は、これまで、様々な災難（地震や洪水、飢饉、伝染病、戦争等）に遭ってきたが、そのとき、他の民族が助けてくれたことがあったのか。

国連は、ヒト一人増えればどれだけ環境に負荷がかかるか考えていない。

国連は、キリスト教の身勝手な幻想から脱却し、《自力更生、民族自決、天は自ら助けるものを……》という言葉を唱える時期にきている。

先進国の人口は減っているのに、働かない難民が、旱魃・飢饉・テロや戦争で増えている。

さらに、一人勝ち（何とかファースト）を叫ぶ大統領により経済もおかしくなっており、活動資金（寄付・負担金等）も絶え支援もおぼつかなくなっている。


援助が長引けば、援助に頼る慣性（依存体質・人間動物園）がうまれる。

生きていても、希望（生き甲斐）が無ければ、何の意味もない。

彼らを本当に救いたいなら、インフラ（水、衛生）を整備し、太陽光発電を更に増やして伐採（環境破壊）を防ぎ、誰でも参加できるような事業（植林、緑地造成、清掃等の計画）を優先して立ち上げ、安くても賃金を払うようにしてはどうか。

無料の食料援助は、難民を堕落させるだけであり、たとえ、市場価格の何百・何十分の一にしても、食糧を有料にし（買い占めはさせない）、彼らの自立を促さなければならない。

小さな役割（仕事）から小さな富が生まれ、それが貨幣経済をつくり、自分のためになるという自立独立の精神（役割と見返り、天は自ら……）が養われる。

国連は、紛争の尻拭いばかりせず、大国（米中ロ）のエゴ（負担金）から自立するべきで、そのためには、独自の財源を持った世界機関にならなければならない。

植林等の大キャンペーンをして、目的毎の事業債をイスラム銀行のように低金利（元本保証）で発行し、これを財源に充ててはどうか。

世界には多くの賛同者がいるはずである。

その資金で世界のジャーナリストを支援し、フェイクではない確実（真実）な報道の発信者となるのも、事業の一つとなる。

無償の愛（援助）では、難民は救えない。

援助をいかに多く受けようかと頭を働かせるだけである。

# 第10章　我々は何処へ行くのか！

## 1　余剰エネルギーと環境破壊

水面に石を投げ入れれば、一時は飛沫が上がり波紋が広がるが、やがては、何もなかったように元の水面に戻っていく。

生態系（食物連鎖）も、軽微な刺激（気候不順程度）なら、個体数に若干の変動が生じるだけで、水面と同様に元の状態に戻るが、大規模な気象変動や隕石衝突があると不可逆的な反応（生態系の変動、種の絶滅等）が起こり、元には戻れなくなってしまう。

この不可逆的な反応が今、人類によってもたらされている。

人類は、火の利用により、枯れた草木をエネルギーに変えて人口を増やし、地球規模の拡散を始め、様々な人種・言語をつくりあげ、同時に、マンモス等を絶滅させてきた。

南米南端到達で、拡散（新たななわばり）が出来なくなると、定住が前提の農耕を始めて第二の人口爆発を起こし、地球は、パッチワークのような単調な農地で覆われるようになる。

農耕に邪魔な動植物は害獣・雑草等となって追い出され、森林は青銅器・鉄器・レンガをつくるために切り倒され、草原も羊の過放牧によって砂漠化する。

この農耕による環境破壊は大きいが、化石燃料がもたらす環境破壊とは比較にならない。

農水産物は太陽エネルギー一年分が上限だが、化石燃料の利用は、この数万～数十万倍ものエネルギーをたった一年で消費し、未曾有の人口爆発と環境破壊をもたらしている。

化石燃料が排出する$CO_2$で温暖化した地球は、巨大台風や大規模旱魃等を毎年引き起こすようになり、保険会社も音を上げている。

南極やグリーンランドの氷河は減少して海面が上昇、高潮・高波の被害が拡大、一方で、$CO_2$を吸収するサンゴ礁は白化が進み、温暖化に拍車をかけている。

最悪のシナリオでは、両極の氷がなくなれば深層海流も止まり、冷蔵されていた海底のメタンハイドレートが放出されて、温暖化が爆発的に進むらしい。

高山の氷河（水源）の消失は、麓の農業、生態系を破壊し、永久凍土が消えれば泥炭の分解が進んでさらに$CO_2$やメタンが放出され、温暖化のスパイラルとなる。

温暖化は、熱帯病を北上させ、砂漠化を加速し、赤潮を起こし、農水産業に大打撃を与え、飢餓難民、テロ・戦争（人的災害）をさらにつくりだす。

海洋汚染も深刻で、廃棄物で海は酸性化・富栄養化し、赤潮・青潮だけでなく、亀・海鳥等のプラスチックの誤食やマイクロプラスチック問題も起きている。

現在の地球に、もう農地拡大の余地などない。

70億の人類が化石燃料利用の高エネルギー消費生活を始めては、地球はもたない。

かつて、化石燃料の涸渇が心配されたが、今はそれどころではなく、化石燃料が涸渇する前に現代文明が消滅しようとしている。

## ⑴ 原発反対の近視眼

莫大な化石燃料（太陽エネルギーのストック）は、毎年２００億～３００億トンものＣＯ$_2$を放出し現代の物質文明をつくりだしてきた。

この化石燃料には限りがあり、環境破壊（地球温暖化、海洋汚染等）を引き起こしている。日本の原発は、この危機を救う切り札だったが、千年に一度の大地震で非常用電源を失い、大事故を起こした。

放射能汚染に狼狽した政府は、安全に稼働していた他の原発まで停止させて二次災害（停電）まで起こし、日本だけでなく世界まで原発アレルギーにしてしまった。

日本は戦後、安価な化石エネルギーへのシフトに成功、急速に経済成長した。しかし、肝心のエネルギー（石油）は、99パーセントを外国（輸入）に依存しており、一朝事（オイルショック等）あれば、苦労して稼いだ外貨も一夜で失われ、狂乱物価で、ネオン、テレビも点けられない暗黒の生活が待っていることを常に考えておかなければならない。
＊いくら創意工夫が得意でも、戦前の日本のように肝心のエネルギーがなければどうにもならず、また、エネルギーがあっても、利用出来（売れ）なければ、ベネズエラのように宝の持ち腐れとなってしまう。
庶民は安い灯油を求め、大量のポリタンクを携え、寒空に長い列をつくる。

全国で日夜燃やされる莫大な灯油を、不安定なエネルギー（太陽や風）で代替するのは難しい。

高い電気料金（もったいない）でエアコンをかけず熱中症で亡くなっている高齢者がいるというのに、金持ちは、安全なエネルギーの方がよく、原発なしでも（高くても）やっていけるなどとうそぶき、さらにどう動くか分からない活断層まで心配している。

彼らは、電力が温暖化の元凶（化石燃料）で支えられていることを知らないらしい。静かに進んでいた温暖化は、ついに沸騰点に達し、異常気象（スーパー台風等）で世界各地が、数百万～数千万人の被害を受けているというのに、孫・ひ孫はいざ知らず、千、万年後の子孫や活断層まで心配し原発に反対している。

彼らは、大陸（プレート）は常に動いており、新たな断層が次々とつくり出されて、過去の活断層などは当てにならないことが分からない。

今のエネルギー（化石燃料）には限りがあり、一朝事の高騰は必須で、産油国でさえも、涸渇に備え対策を進めている。

一方、原発は、温暖化にも、たとえ寒冷化しても対応できる安定したエネルギーであり、国の安全保障となり、貿易赤字を防ぎ、地方経済（雇用）にも貢献するメリットがあるのだが……。

安全をどこまで求めるかは、災害に対する費用（財政）と覚悟（人生観）の問題になってくる。

千年に一度の大地震ともなれば、その被害は原発どころの比ではない。

どこまでの災害に備えるかだが、そのために江戸時代の経済（灯明の生活）に戻れないし、戻っても、地震は無くなるわけではない。

千・万年後の子孫を考えるのもいいが、庶民は目の前の生活を考えなければならない。

タバコがもたらす自動喫煙やガンが問題になっているが、無菌室にいても永遠に生きられるわけではなく、五十歩百歩であり、我々は、いずれは死なねばならない。

中東等では、戦争・テロで何万人も死んでいるが、原発反対者は、これをどう考えているのか。

日本は災害列島で、これまで自然災害や人災（内外の戦争）で数多の命を失ってきたが、原発事故ではどうだったのか。

事故というが、千年に一度の自然災害にまきこまれたのではないか。

アメリカでは、毎年一万人以上が銃で殺され、これに倍する負傷者が出ているが、原発反対の富裕層は、この危険にかかわらずアメリカに出かけている。

飛行機事故が起きれば殆ど助からないし、自動車も大気汚染に加え、世界で毎年、百数十万の死者と、その何十倍の負傷者を出しているのに何故反対しないのか。

原発で、何百、何千人が毎年死んでいるのか。

原発は照明、レンジやエアコン、冷蔵庫等の電気を供給し、飛行機や自動車以上に生活に貢献していいるのに、一度の事故で反対されている。

火山爆発の方がずっと危険ではないのか。

かつて、三百万の若者を死に追いやった傲慢、欺瞞の隠ぺい体制は、どうなのか。

メリット、デメリットは、大局的に考えなければならない。

未来への責任というが、千、万年後の断層を考えるのは、縄文、平安時代の祖先が、現在の我々を心配しているようなもので、まるで神のような配慮だが、目の前の地球温暖化はどうするのか。

原発反対によって、日本は主に火力に頼らざるを得ず、莫大なガスを排出して億を超える人類の命や財産を危険に陥れている。

原発は一度始めた以上、廃止しても廃棄物が残り、全てをゼロにするわけにはいかない。

パンドラの箱は既に開けられてしまった。

養生しながら、長く付き合っていくしかないのだが……。

エネルギーの乏しい日本が原発ゼロとするのは、積み上げた技術をゼロにし自らの首を絞める愚策である。食糧とエネルギーを自前で確保することが、最上の国の安全保障対策になる。

日本は、原発を再稼働し、その益で、廃炉や廃棄物処理技術を確立し、世界に貢献していくべきだが、《羹《あつもの》に懲りて膾《なます》を吹く》ような過剰な安全対策が求められ、経済性が問題になっている。

## (2) 富がつくりだす属性（不遜と蒙昧、脳の退化）

熱や刺激に反応するだけだった生命は、やがて、様々な情報を脳（環境地図）に集め、群れやなわばり・序列をつくるようになった。

祖先は、サバンナで生き残るために役割分担を始めた。

役割分担は、仲間への気遣い・憶測（シミュレーション能力）と、役割伝達（コミュニケーション）のための情報媒体（言語）を発達させ、脳を肥大化させた。

チーターの子供が狩りのソフト（雛型）を完成させるには、親の狩りを見て覚える必要がある。

役割分担には、さらなる情報（行動規範）の伝達が必要で、祖先（長老）は焚火を囲み、食べ、歌い踊る中で、様々な知識・経験・分配のしきたり等を伝えてきた。

狩猟採集生活（サバンナ）は、同じ釜の飯を食べる戦友の群れであり、平等な分配は当たり前で、各人が大切にされていたが、定住（農耕の莫大な農畜産物）により人口増と不平等な分配（差別・格差）が始まり、文化・文明が築かれる。

序列による分配（封建社会）は、中世ヨーロッパやアジアで発展、これをキリスト教や儒教が支えていたが、産業革命（莫大な化石燃料の利用）が始まると市民革命が起こり、旧体制の序列による特権（教会、王侯・貴族）は否定された。

サバンナでうまれた平等な分配は、農耕の権力（序列）によりその地位を奪われ、さらに今は、所有権というしきたりによって瀕死の状態になり、金があれば偉い（高い序列も買える）という拝金主義の社会（風潮）をつくりだしている。

資本の論理（拝金主義）では、生産性の低い牛馬・ヒトの役割は切り捨てられ、障害者・年寄り・ＬＧＢＴは厄介者とされ、血の通わない機械・ロボット・ＡＩの方が価値あるものになっていく。

何十万年も続いた群れの絆は失われ、障害者の殺傷事件等まで起きるようになった。

かつての、思いやりはなくなり、無知蒙昧・傲慢不遜な金持ち（権力者）が闊歩している。

気遣い（煩わしさ）が不要になれば、大きな脳も不要になる。

脳の仕事は、繁殖相手の収入の確認や、好奇心（お宝の蒐集等）ぐらいしかない。

天敵のいない島の鳥が、緊張や危険そして、エネルギーを伴う翼を退化させるように、脳も、役割分担（憶測）が不要になれば縮小していく。

すでに、一部の人間に、その兆候（凝縮進化）が現れている。

（もともと憶測出来ない人間もいるが）

どんなに有益な情報も、《豚に真珠、猫に……》で目に入らない自国優先の愚かで傲慢なリーダー（サル）が、愚かな国民によって支持されている。

繊細な役割分担ソフトは、差別・イジメに耐えられない。

心やさしい人間が自殺し、思いやりが欠如した狡猾な人間が生き残る淘汰（凝縮進化）が起きている。

## ⑶ 寿命がつくりだす価値観の限界、選挙権

筆者が子供の頃は30℃を超えれば真夏だったが、今では、35℃近い猛暑が当たり前になり、冷房なしでは暮らせなくなった（死にソー）。

明らかな変化だが、《のど元過ぎれば……》で、秋・冬になると忘れてしまう。

気候変化は、昔語りでもせいぜい祖父母（2～3世代間）のスパンで伝達されるのがやっとで、これ以上の長い期間の変動には気付かず、記録に頼らなければ分からない。

スカイツリーから見える高層ビルが乱立し家並みが遥か彼方まで続き、自然（緑）が消えている世界は、五百年前の人間にとって明らかに異世界だが、今の我々はなんとも思わない。

欧州も同様で、ほんの2千～3千年前までは、鬱蒼とした森で覆われていたが、大都市がうまれ、家が立ち、地表は石畳、今はコンクリートで塞がれ窒息している。

人類（サル）は、サバンナに遡れば、数えるほどしかいない種だったが、今では異常増殖し、世界中、どこへ行っても、ヒト、ヒト、ヒト……で溢れている。

郊外は、単一作物の田畑で覆われ、自然は、山岳地帯等にやっと残っているだけである。

地球は、農耕・化石燃料によって変わり、今の若者は、生まれたときからラジオ・テレビ・パソコン等があり、スマホに熱中し、電気がなかった時代の生活などは想像できない。

温暖化などは地球にとって、これまであった変動と較べれば春風のようなものだが、生命

（生態系）には深刻な影響がある。

しかし、我々は、このようなゆっくりとした（緩慢な）変化には対応できない。

人類は《情報伝達種》の代表だが、それでも、この変化の認識には寿命がもたらす限界があり、まして本（過去の情報）も読まず、忠告も受け入れなければ、ますます、己の狭い《見よう見まねの経験》だけに頼るサルのような思考になってしまう。

パリ協定を脱退した大統領は、この尺度（価値観）でしかものが見られない。

彼は、《徐々に茹であがっているのを知らずに泳いでいる魚》のようなものであり、普通なら、人に言われれば、水に手をつけ（頭を使って）温度の変化を確かめようとするが、彼は、表面しか見ないため比較ができず、沸騰して泡や湯気が出るまで気付かない。

彼は、既に沸騰（異常気象）が始まっているのに、不都合な事実（ニュース）をデタラメ（フェイク）とし、アメリカの権威（民主主義）を失墜させ、地球を破滅に導こうとしている。

愚かな人間を支持するのは、同じように愚かな（ロケットが飛び交い遺伝子治療が進んでいるのに、埃をかぶった聖書を信じる）アメリカ人である。

UFOは信じなくてもいいが、勝手に《約束の地》をつくり、他人（パレスチナ）に押し付けるのは、狂人を野放しにするのと変わらない。

慎重な判断が求められる政治に、一定の年齢に達すれば、歴史・政治・経済等の見識や経験を問わず（義務・責任なしで）無差別に参政権（権利）を与える（選挙年齢を引き下げる）のは愚民化政策（悪平等の典型）であり、ポピュリズムの温床をつくるものである。

無党派と称して選挙に行かないなら、選挙権を剥奪する等の措置をとるべきである。

## ⑷ 技術開発

《赤信号、車は急に止まれない》では済まされない。

温暖化が温暖化を加速させる《負のスパイラル》が始まっており、脱炭素社会への転換が喫緊の課題となっている。

自然再生エネルギーの開発は絶対必要だが、日本経済が、それだけで賄えるはずもなく、安定エネルギーとして原発の再稼働が欠かせない。

＊この再稼働を制限しようとするなら、電力安定のための大規模蓄電技術の開発を急がなければならない。

真水は、貴重な太陽エネルギーの塊であり、都市対策として、雨水を貯える大規模貯水槽の設置を義務化すれば、屋上緑化や下水、防暖シャワーの水源となり、洪水防止の効果も期待できる。

夜間の余った電力を蓄積する燃料電池や燃料電池車は、有害な排気ガスをなくし、排出する水（気化熱）でヒートアイランドを抑え、利用エネルギーを増やし新たな経済成長となる。

砂漠は太陽エネルギーの宝庫であり、そのエネルギーを利用して水を凝縮する技術が開発されれば農業も可能となる。

雪も、エネルギーの塊（資源）と考えるべきで、豪雪地帯では、国策で超巨大な氷室（保雪施設）を市町村ごとにつくり、猛暑や水不足に対処すべきである。

日本はプラスチック等の海洋のゴミを、自然エネルギー（太陽光、風力等）を利用して休まず回収処理する大型船や、海岸のプラスチックゴミを選別して集めるAIロボット、そのゴミを分別し資源化する大規模施設を開発し、国際貢献（輸出）すべきではないか……。

食糧増産のための殺虫剤が、受粉を助ける昆虫（蜜蜂等）にも効いて生態系が破壊され、食糧危機が心配されている。

さらに、遺伝子操作で病害虫や旱魃に強い大豆やトウモロコシや肉づきのいい牛や魚がつくりだされているが、喜ぶのは、資本だけで、飢餓はなくならない……。

## 2　余剰エネルギーと役割

祖先（サル）は、遥か彼方まで群れる動物（肉）を見てサバンナで生活を始め、狩りの中で役割分担という最新のソフトを凝縮進化させた。

役割分担という《仕掛け》には、多くのおまけがついてきた。

役割分担という分業体制は、群れの力を何倍にも引き出すことになり、シロアリ、蟻、蜂等も、この仕掛け（分業・専門化）によって大きく繁栄している。

狩りで、大量の肉（余剰エネルギー）を手に入れるようになった祖先は、新たに、その分配という問題にぶつかる。

それまでの祖先（サル）は、餌（植物・昆虫・小動物）を、各々で確保し、好き勝手に食べていたが、大量の肉は、自分一人で直接得たものではなく、皆（役割分担）という間接的な《仕掛け》を通して獲ったものであり、勝手に食べるわけにはいかない。

役割分担という《仕掛け》は、如何に、その成果（肉）を分配するかという人類にとっての永遠の課題を、もたらすことになった。

サバンナの祖先（群れ）は、荒海を進むヨットに乗った一心同体の群れであり、一致協力のため獲物（肉）はヨット（群れ）の中で差別なく分配された。

人類が、各自で餌を探して食べるサルの群れから、役割分担という間接的な仕掛け（仕事、労働）を通して分配（見返り・報酬）を得る《役割を持ってナンボ！》の群れになった。

役割分担は更に《おまけ》をつくりだす。

祖先は、蟻のフェロモン、蜜蜂のダンスに当たる役割（情報）伝達の媒体を、鳴き声からつくりだした。

言語は、遺伝子に組み込まれたフェロモン等の媒体と異なり、学習が必要だが、メモリー（脳の容量）に応じていくらでも増やすことが出来る。

時空を超えた情報（知識・経験）まで伝達・蓄積されるようになり、祖先の脳は急速に肥大化する。

この脳は、役割分担の感性（憶測）に従って様々な神話をつくり、言語によって伝達、神話の世界観（平等な分配）は行動の規範となり、役割分担を支えた。

その後、祖先は、画期的な仕掛け（火の利用）がもたらす莫大な余剰エネルギーによって人口を増やし、新たな狩り場を求めて地球規模の拡散を始め、やがて南米南端に至った。

祖先は、拡散の余地がなくなると、定住を強いられ、農耕を始めた。

農耕生活が始まっても、役割分担ソフトはなくならない。なくならないが、最も新しいソフトは、最も弱いソフトでもある。

平等な分配等の行動様式（世界観）の学習が必要になる。

莫大な農畜産物（余剰エネルギー）により、群れは小さなヨットから巨大な船になり、分配はあるものの、平等な分配は消えて序列に従って分配されるようになり、王侯・貴族は余剰エネルギーを利用して贅沢な高エネルギー生活を始め、文化・文明をつくり出した。

## (1) 役割づくりのタイムラグ（過渡期）

役割分担と分配が不可分になると、分配を受けるために役割を得なければならない。

役割を得ても獲物がなく分配されないこともあるが、とにかく、役割がなくては話にならない。

狩猟採集生活では、狩りの役割だけでなく、年齢・性別等に応じて、炊事や育児、武器・道具つくり等の役割分担が何万〜何十万年も行われてきた。

定住化（農耕生活）が始まると、文字をつくって種まきや収穫の時期を判断する専門の役割（神官）や、贅沢な宮殿や家具等をつくる役割が徐々にうまれてくる。

エネルギーを得る《仕掛け》は、その質と量によって変わってくる。

穀物は長期の貯蔵が可能なため、腐って無駄になってしまう肉と異なり、直ちに、また、余さずに（平等に）分配する必要はない。

群れは、やがて、権力者（王侯・貴族等の不労階級）と、役割分担（労力を提供）して分配を得る農民等とに分解し、王侯・貴族は、生きるのに必要な農畜産物を残し、それ以外（余剰分）を税として搾取するようになる。

搾取した農畜産物は、とりあえず、美女や美食といったハードのために利用されるが、莫大な余剰が産まれたエジプト、メソポタミア、中国では、これをなわばり・序列や好奇心のソフト（強大な軍、大宮殿、巨大陵墓等の建設）に振り向ける権力者（王）が現れ、様々な役割（技術、職業）がある文化・文明がつくりだされた。

しかし、役割（職業等）は、直ちにできたわけではなく、相当の歳月をかけて、創意工夫を重ねながら徐々につくられてきたのであり、ローマは、《一日にしてならず》だった。

元老院や皇帝は、属州から流れ込む莫大な農畜産物・奴隷を利用して強大な軍（非生産者）を養い、インフラ（上下水道・道路等）を整備、市民が喜ぶコロセウム、大浴場をつくり、多くの雇用を生み出したが、これらの役割（職業）がつくられるには、何百年もの時間（タイムラグ）が必要だった。

領土拡大ができなくなると、余剰エネルギーは急速に消滅、贅沢な文明（高エネルギー生活）は続けられなくなる。

役割（職業）はなんとか残ったが、太陽エネルギー一年分の農畜産物で生きる自給自足の中世に入っていく。

中世の人口は、開墾や農業技術の改良で徐々に増加するが、一方で、異常気象（飢饉）や疫病等で減少するといういたちごっこを繰り返していた。

この状況は、億年かけて蓄積された化石燃料の利用（蒸気機関の発明、産業革命）で一変する。莫大な余剰エネルギーは、未曾有の人口爆発をもたらすことになった。

しかし、人口は、産業革命によって、次の日に突然増えたわけではない。気候変動の認識と同じで、地球的時間（スパン）から見れば異常な人口増加だが、ローマクラブの報告（成長の限界）が出るまでは、人口増は国を富ませるもので問題とは考えられていなかった。

産業革命は、当初こそ工場制手工業によって大量の雇用（労働者）と富を生みだし、農村の余剰人口を吸収していたが、機械の改良（省力化）に伴って、人口は増えているのに、役割（仕事）は減少することになり、機械破壊運動（ラッダイト）等の失業問題が起こってくる。《役割を持ってナンボ！》の群れでは、役割（仕事）がなければ反対給付は得られない。大自然は既になく、いまさら、森の生活に戻れない。社会不安が高まっていく。

## ⑵ 役割を奪う資本（高エネルギー生活の移転）

古代ローマの皇帝や富豪は、余剰エネルギー（農畜産物）を、ソフト（なわばり・序列、好奇心、快適な環境等）に振り向けて古代文明（様々な役割）をつくりだしたが、現在の富豪は、莫大な富（エネルギー）を際限なく蓄積するだけで、富を分配しようとはしない。

富は《使ってナンボ！》なのだが、拝金主義で富を多く持つほど偉いと思っている。

アメリカでは、安価なエネルギー（化石燃料）を利用する便利商品（電化製品・自動車等）が普及して余暇が生まれ、古代ローマを上回る様々なレジャー・産業（役割）をつくりだしたが、その後は、技術革新や企業の海外移転で、ラストベルト（失業）がうまれている。

社会主義国（ソ連等）では縦割（計画経済）社会のため特定の技術（軍備、宇宙開発等）だけは大きく進むが、市場経済（自由な役割分担と見返り）を認めなかったために民需後回しの社会となって技術革新は進まず、資本主義国の後塵を拝することになった。

中国・インドは、人口は多いが、カースト制度や共産主義によって化石燃料への転換（インフラ整備）が遅れ、新たな役割分担もつくられず、アメリカのみが先行していた。

しかし、大人口の国はポテンシャルが高く、規制を緩め欲望を認めれば、凝縮進化の坩堝となる。

中国は、自由（エゴ）の一部（市場経済と海外資本の導入）を解放し、戦後の日本と同様、農村人口を吸収して構造改革（人口の産業間移動）を成し遂げ、高度経済成長を始めた。

インフラ整備と便利商品によって国民生活は向上するが、同時に急速な発展のため公害も発生、賄賂等で地位や富を得ようとする汚職・腐敗が横行し格差が拡大している。

中国は、一党独裁を維持するために、厳しく言論を規制、国民の不平・不満の矛先を他者（日本）に向けているが、交流が進めば実態が分かり、反日は続かない。

そして高度経済成長も、日本と同様に、やがて終わることを考えておく必要がある。

企業の移転先（アジア）では、経済成長（高エネルギー生活への移転）が始まるが、移転されたアメリカには、職（役割・絆）のないラストベルト地帯がうまれ、プロパガンダ（移民排斥等）に付和雷同する第1類型のモードになっている。

そして、製造業は海外に移転できるが、土地とともにある農業は移転できない。

アメリカの農業は、莫大な化石燃料（肥料・農薬・大規模経営）によって増産しているが、それが、かえって価格低迷を招き苦しんでおり、アメリカの低所得者（数千万）は、この農業の安価な農畜産物（フードスタンプ）で支えられている。

エネルギーがあるのに役割（雇用）がない。富は数パーセントの超富裕層に死蔵されて還元（利用）されず、まるでかつての中世農奴社会のような二極分解がすすんでいる。

古代ローマの富豪は市民の人気を得るために散財し、古代中国の富豪も同様に多くの食客（雇用）をかかえたが、現代の富豪は脱税してまで富を貯め込もうとし、トリクルダウンなど全く期待できない。

今後の資本には、環境や雇用への影響を考慮する利益還元の価値観が求められる。

消費者も安いからと言って安易に遺伝子組み換え食品等を選んでいては、やがて、自分の首を絞めることになる。

役割（雇用）は、技術革新（省力化）だけでなく、政情不安（内戦等）によっても奪われる。リスクを極端に怖れる資本は、安定操業できない紛争地に投資（工場進出）などしない。

ミサイルや銃弾が飛び交い、住宅を破壊し、死傷者を出す戦争は、不要な莫大なエネルギーを消費するが、それは他国の雇用（軍需産業）を潤すだけである。

独裁も役割を奪うが、廃墟となるよりはましかもしれない。

人類全体では莫大なエネルギー（富）がありながら、役割（分配を促す仕掛け）がないために、アメリカでは売りたくても売れず、アフリカでは買いたくても買えず、大量の人口が路頭に迷い、エネルギー（富）が一部に貯まり続け、戦争によって放出され、難民がうまれている。

### ⑶ 資本を支える属性（所有権）

かつての王侯・貴族は、宗教等の教え（倫理観）で富（余剰エネルギー）を還元していたが、今日の富豪は、ただ貯め込むだけの守銭奴になっている。

狩猟採集生活で何十万年も封じ込められていた独占（エゴ）が、農耕によって顔を出し、さらに、産業革命により全面開放（肯定）されてしまった結果である。

《行動様式の転換》には、昆虫なら何百〜何千世代の淘汰が必要だが、我々情報伝達種は、たった一世代で成し遂げてしまう。

人類は、この順応性によって生き残ってきたが、今は、それが裏目に出ている。

何十万年も守られてきた狩猟採集生活の伝統（平等な分配）が、ほんの二百数十年前に宣言された権利（所有権）によって覆され、あろうことか富の独占（エゴ）が神聖不可侵の権利になってしまった。

社会は、いつのまにか拝金主義に染まり、貪欲な人間（金持ち）が肩で風を切るようになり、我々は見返りなどないのに、ついつい《属性のおまけ》で頭を下げてしまう。

金をばら撒く豪商ならまだしも、富を独占するだけの吝嗇漢などは、我々にとって何のメリットもなく、頭を下げる必要など全くなく、むしろ軽蔑してもいいのだが……。

所有権は、神聖不可侵でも何でもない。

金持ち（持てる者）だけに都合がいい新たな特権にすぎない。

旧体制（王侯・貴族等）から見れば、生まれながらの不平等（特権、財産）は当たり前で、下層階級（市民）が、自由や平等、所有権を主張する革命は、彼らにとってとんでもない権利の侵害（こじ付け）だったが、今や、成り上がりが当たり前の価値観になってしまった。

多くの宗教は狩猟採集生活の価値観が残り、強欲（富の独占）を悪とし、キリストも富者が神の国に入るのはラクダが針の穴を通るよりも難しいといっていたが、革命の《勝てば官軍》で、狩猟採集生活の道理は引っ込んでしまった。

所有権を認めれば、格差がうまれてくる。

強欲な富豪は、この特権に守られ、かつての王侯をはるかに凌ぐ莫大な富を貯え、それでも飽き足らず、さらなる富を目指している。

人を貧困にして、自分だけ富を独占（死蔵）するのは、古代人にとっては明らかに《非人道的な人間》なのだが、我々は、かえって彼らを尊敬するようになっている。

富を独占する人間を高い序列に置く現代のチンパンジーのような軽薄な風潮は変えなければならない。

富（エネルギー）を独占しておきながら、自由・平等を唱える富裕層は強欲な偽善者でしかない。

我々は、かつての市民革命のように、所有権という特権（無制限な富の集中）を制限しなければならないが、理性（脳）に実行力は無い。

革命を起こすのは、感性（行動指令）を発するソフト（単純な彫刻の表面）だけなのに反応する属性は神聖・不可侵のままである。

若者は、役割の見返り（食と女）を求め戦場に向かう。

戦争、テロを防ぐのは難しい。

### (4) リーダー（政府）の役割

所有権の制限も必要だが、なによりも、餌（エネルギー・富）を得なければならない。

かつてのアフリカの森（採集生活）では、目の前に餌があれば、勝手に食べていたが、今は、目の前に食糧があっても、これを勝手に食べることができなくなっている。

（我々は対価を払わず手にすれば、泥棒となってしまう）

モノを得るには貨幣が必要で、貨幣は役割分担（仕事）の見返りとして与えられる。

この役割分担という仕掛け（ソフト）は、サバンナで狩りをするために凝縮進化した。

役割分担のためには、これを支える信頼感（生き甲斐）や高度な情報媒体（言語）とともに、役割分担をまとめる（指示する）統括者（リーダー）が必要になる。

ザトウ鯨の漁（バブルネットフィーディング）は同調と経験で行われ、リーダーは必要ないが、個体別に異なる行動が必要な役割分担には、異なる役割をまとめ、指示するリーダーがいなければならない。

リーダーは、役割を指示する（命令できる）高い権能と多くの見返りが与えられる代わりに、役割を適切に与えて群れを食べさせる責任・義務を負う。

国民を飢えさせるような人間は、リーダー失格であり、ましてや、国民を死に追いやるような人間は論外である。

リーダーがきまれば、我々は、その権力に従うようつくられており、独裁も可能になる。

狼の群れでは、気が強い個体が上位になり、餌や配偶者を得ている。

気が強いということは、攻撃性が高く、なわばり意識も強いため、有事には、このような個体をリーダーにした群れの方がいい（墓穴も掘るが……）。

気が強い専制か、合議の共和かは、いまだ結論が出ていない。

どちらにも、長所と弱点がある。

時には俺についてこい型、ある時は全員参加型で士気が高まる。

個性を引き出すには全員参加型だが、機動性は俺についてこい型が勝る。

経済を発展させるには、俺についてこい型のリーダーで始め、やがて全員参加型のリーダーとなるようである。

## ⑸ 戦後の日本

食べるだけで精一杯だった戦後の日本は、朝鮮戦争の特需を契機に経済成長（化石燃料を利用する高エネルギー生活への移行）を始めた。

＊戦前のドイツは、イギリスを真似ることによって、イギリスが要した化石燃料（石炭）転換への思考錯誤（半世紀）を省略し成長したが、戦後の日本も、アメリカが要した石油エネルギー転換（時間とエネルギー）を省略し、急速に経済成長した。
中国の急激な経済成長も、先進国が費やした技術開発のための時間とエネルギーを省略できたためである。


東京オリンピックはインフラ（電力・通信網、道路、鉄道、港湾、空港、上下水道施設等）の整備を進めた。

テレビが売れ、同時に洗濯機・冷蔵庫、掃除機等の便利製品が次々と登場、これらがメディアを通して喧伝（コマーシャル）され、国民の購買意欲を煽り、つくればつくるだけ売れ、空前の好景気（経済成長、ゴールド・ラッシュ）は、３Ｃ（カラーテレビ、クーラー、自動車）

が普及するまで続く。

余暇を楽しむ音響製品が売れ、レジャー産業（野球、映画、旅行等）も成長する。

企業（工場）は、旺盛な需要（内需）に応えるために設備投資をし、雇用（人手不足）を確保するために賃金が上昇、地方（農村）の余剰人口を金の卵（集団就職）として吸収し、その賃金がさらに便利製品の購入（需要）を促すという好循環（高度経済成長）がうまれた。
＊木炭や蠟燭等がエネルギーでは、経済成長（高エネルギー生活への移行）は起こらない。
日本の高度経済成長は、アメリカをモデルにした安価な化石燃料の利用（高エネルギー生活へのシフト）によって実現したのであり、日本人の優秀さ、勤勉さなら、戦前や、江戸時代の方が優っていたかもしれない。

しかし、便利製品の普及が進み、高エネルギー生活への移転（経済成長）が一段落すれば、それまであった爆発的な需要はなくなり、買い替え待ち・保守点検が主の経済（ゼロ成長）が待っている。

企業は先細りの内需に見切りをつけ、外需（輸出）に活路を求めたが、急激な円高（プラザ合意）で輸出は失速、行き場を失った資金（余剰マネー）は土地・株に向かい、経済成長の掉尾（最後の一振り）となる《バブル》をつくりだした。

しかし、このバブル（土地神話）も総量規制（金融引き締め）ではじけ、急速な信用収縮（ミニ恐慌）が起こって必要な血液（資金）が回らなくなりバブルは崩壊、経済は20年年間低迷することになる。

これは、便利製品が普及し、高エネルギー生活への移転（経済成長）が一段落した結果であり、国内投資が振るわずリストラが進み経済が低迷するのは必然で、落胆するには及ばないのだが、政府も企業も、過去の栄光（高度経済成長の記憶）から、なかなか抜け出せない。

企業が縮小（リストラ）か、それまでの体制（利益、雇用）を維持するか、残された途上国（フロンティア・金鉱）に進出していくかの選択（構造改革）を迫られ、自動車関連企業は、ゴールド・ラッシュを求めて海外に進出して生き残っているが、家電企業は良ければ売れるはずと技術に頼り、後発の海外企業（途上国対応の安売り戦略）に追い越され凋落していく（ゲーム産業は成長した）。

企業の海外進出は、化石燃料を利用する高エネルギー生活の移転（世界平準化）であり、移転先は、かつての日本と同様にインフラ整備・便利製品への欲望・安価な労働力で、急速に経済成長していく。

しかし、このパターンは、かつての地球規模の拡散やゴールド・ラッシュと同じで、やがては、それ以上は拡大出来ない南米南端（飽和状態）が待っている。

## バブル以後

日本の経済低迷期を、失われた20年などと評しているが、これは誤った見方である。

エネルギーがあれば、タイムラグはあっても、必ず新たな産業が起こってくる。

経済成長期には、借金してでも買いたい便利製品を得るため支出が促され貨幣が循環したが、バブル以後の、パソコンや携帯・ハイビジョン等が単発的に出るだけでは、裾野（雇用）は限られ、エネルギー（富）が余っても、先の見通し（不安）から貯蔵（預金）に回ってしまう。

しかし、この間（タイムラグ）に、内需企業（大型家電店、スーパー、外食産業等）は、骨身を削り、廉価・高品質へのたゆみない努力を続けていた。

特に、食に関しては、20年の間に、食材の冷凍、運送・養殖・販売技術等が大きな進化を遂げ、回転寿司や様々なラーメンを筆頭に、うどん、ヤキソバ、すき焼き、天ぷら、たこ焼き、鯛焼き、カレーや様々なB級グルメ等が進化し、和食はユネスコ無形文化遺産となり、和牛やイチゴ、リンゴも輸出されて雇用をつくりだし、この企業努力（低価格・高品質商品）が消費者を助けていた。

エネルギーは、無ければどうにもならないが、あれば必ず、ハード（食と繁殖）、ソフト（同調、排斥、好奇心等）に向かい、新たな役割（雇用）が創出されるのである。

円高では資源（化石燃料・鉄鉱石等）や製品が安価に輸入されるため物価は下がりデフレとなり、庶民（年金生活者等）にとっては実質的な所得増となるが、輸出企業にとっては逆風となる。

裾野の広い輸出企業の意向（苦情）を受けた政府は、ゼロ金利で円安を誘導し、輸出企業を元気にし、トリクルダウン（おこぼれ）による経済活性を期待した。

輸出企業は元気になったが、国内に需要はなく企業は、先行き不安から内部留保するだけで、トリクルダウンなど望むべくもなく新たな投資（雇用の創出）は海外になる。

また、高齢者も、ゼロ金利で本来得られる利息（孫にやる小遣い）を奪われたうえに、福祉政策の無策で将来が不安となれば、貯蔵ソフトが優先され、株や骨董、預金等として死蔵され、新たな消費には向かわない。

儲かる当てがあるなら、多少金利が高くても投資するが、当てが無くては、いくらゼロ金利でも借りるものなどいない。

過去（経済成長・インフレ）を追うゼロ金利は、金融政策の放棄にほかならない。

しかし、円安には別の効果があった。

テロの心配がなく、気配りがあり、清潔で見所（世界遺産）も多く、格安で買い物ができ、さらに20年の間に洗練された食べ物があるとなれば、世界中から旅行者がやってくる。

富はいくらあっても、貯蔵されて利用（循環）されなければ意味がない。

少子化や赤字国債ばかり強調しては、国民は委縮し欲しくても買い控えてしまう。

長期のビジョン（社会福祉政策・インフラの再整備計画等）を示して不安を一掃し、金利を回復して年寄りに小遣いを与えれば、経済が循環していくはずだが……。

化石燃料には限りがあり、異常気象や環境汚染の原因となっている。

原発は、他国に依存しない安定した脱炭素エネルギーであり、廃炉に何十年、何十兆円かかるというが、それだけ安定的な雇用が確保出来ることになる。

生命は、エネルギーを利用し増殖するために、様々なソフト（仕掛け）をつくりあげてきた。同調や排斥のソフトがうまれ、これに併せて脳（環境地図）も進化した。

祖先はサバンナで、肉を得るために役割分担と分配（見返り）という仕掛け（ソフト）をつくり、情報媒体（語彙）を増やし、脳を大きくし、この脳により、さらに様々な仕掛けがつくられてきた。

地球の殆どの生命は、マグマより太陽エネルギーの流れ（食物連鎖）の中で生きている。

季節毎の若葉や果実、昆虫等を利用していたサルは、火の利用により、太陽エネルギーの残滓（枯れ木）まで利用するようになり、さらに、農耕・牧畜により降り注ぐ太陽エネルギーを農畜産物として独占、人口を増やし、新たな役割（文化・文明）をつくり出した。

その後、価格の高低差で富を得る遠隔地交易、大航海時代を経て、ついに、英国で石炭（億千万年かけて蓄積した太陽エネルギー）で機械を動かす産業革命となって花開く。

今では、核分裂エネルギー（原発）や、微生物のエネルギー（メタンやアルコール）、引力（潮汐発電）、太陽光発電等の利用まである。

人類が利用するエネルギーは、種類も量も増えてきたが、サバンナでつくられた役割を分担して見返り（分配）を得るという方法は全く変わっていない。

エネルギーは先ずはハード（食と性）のために利用（消費）され、余れば、ソフト（序列や好奇心等）の満足のために利用され文化・文明が築かれた。

**食がつくりだす役割**

人類は、狩り（役割分担）を始めると、その見返り（分配）で生活する割合が増えていく。《火の利用》によって、祖先は最初の人口爆発を起こし調理や土器づくり等の新たな役割からも見返りを得るようになる。

農耕・牧畜が始まると、各々が直接自然から餌を採集する割合はますます減っていく。市が生まれ、食糧等を生産・流通・保存、販売する専門の職業（役割）がうまれる。王侯・貴族は、味や好奇心を満たす贅沢な料理のために、専門職（料理人）を設ける。

現代の日本のスーパーには、生鮮野菜・魚・肉、飲料品、インスタント、乾物、冷凍食品等が並び、外食しようとすれば、安価な飲食店から豪華な料亭・レストランまである。

さらに、時間と手間を省くコンビニ・立ち食い、宅配店も加わって、食品業界は日々変貌を遂げており、ラーメンは、その種類だけでも味噌、塩、トンコツ、つけ麺等に細分化されて食欲・好奇心を刺激、B級グルメもつくられ、莫大な雇用をうみだしている。

**性（増殖）に係わる役割**

エネルギーを利用して増殖する生命（我々）は、ソフトに従い、食べて体を成長・維持させ、性（増殖の快感）に向かうようアバウトに設計されている。

＊アバウトとするのは、基本機能を支えるセンサー・ソフトは、たまたま凝縮進化した「彫

刻の表面」のため、一定の条件に反応するだけで、意思や目的など持たないためである。子孫につながる増殖のための性欲（本能）は、生命の最終目標となっており、そのために、様々なセンサー・ソフトが働き、食に次ぐ一大産業（役割）となっている。

宗教は、このために様々な婚姻様式・施設、そして規制をつくりだしており、婚姻等の相手を紹介・斡旋する役割（仲人、風俗業）は古代からあった。

序列と連動するが、化粧、服飾・エステ等の産業も、この裾野の一つであり、様々な役割をつくりだしている。

アヘン、コカイン、大麻等の産業は、性に匹敵する快感をもたらし、少ない元手（資本）で莫大な利益を生みだすため、各国（とくに途上国）で犯罪の温床となっている。

**健康維持のための役割**（医療等）

食と性の中間にあるのが健康の維持・増進で、古来より呪術者・医者等がいたが、今では、このために様々な専門職（医師、看護師、ヘルパー等）や、施設（病院、薬局、エステ・スポーツジム・ヘルスセンター、温泉等々）、教育機関（大学）、様々な薬品・医療機器産業がうまれている。

医療・福祉には、保険が適用されて国家予算の大きな部分を占め、多くの雇用を支えており、今も、遺伝子治療等の先端技術開発で新たな役割が次々生まれている。

基本機能（ハード）が満たされれば、エネルギーはソフトの満足に向かう。

食と性は構造系（物）的のため自ずと限界があるが、行動系の感性（同調やなわばり・序列）には限界がないため、多くの裾野（役割）をつくりだすとともに、問題も起こしている。

《同調ソフト》の満足は、視覚・聴覚等を通して得られる。

歌や音楽・舞踊、祭りが主だが、序列や役割分担、好奇心も加わって、日本では能や和楽、歌舞伎、歌謡曲等が、外国では、クラシック、ポップス、ロック、ジャズ、オペラ、バレエ、カーニバルがうまれ、これらのための楽器・音響機器、レコード、CDがつくられ、さらに、会場の手配、入場券の販売等のための役割も雇用をうみ、運動が主になれば、新体操、シンクロスイミング、マスゲームがあり、ユニフォームをつくる役割も必要になってくる。

臭覚では、マツタケ料理、香料、香水、消臭剤、入浴剤、香道等と、これに係わる様々な職業があり、《触覚》も、肌触りのいい木綿の下着や寝具等や、少し変わって、エステ、垢すり等の職業もうまれている。

同調に係わる商品は出尽くしたと思われていたが、群れソフト（ネットワーク）を刺激するIT企業がうまれ、SNS等で世界は井戸端会議のような状態になっている。

新たなモバイルが次々と製造されてゴールド・ラッシュが起きているが……。

**排斥ソフト（なわばり・序列）に係わる役割**

排斥のソフト（なわばり・序列）は、あらゆる分野に及び、国レベルで働けば、莫大な富（エネルギー）が費やされて、様々な役割（陸・海・空・宇宙の軍隊、軍事産業）がつくりだされ、法と警察や弁護士等の職業によって、個人のなわばり（権利）が守られている。

文化的に、身体能力（力や技）を競う個人・団体競技は古代オリンピック等からあり、現代では、余剰エネルギー（余暇）を背景に、球技だけでもサッカー・野球・バスケットボール・テニス・アメフト・ゴルフ・卓球等々がつくられ、スポンサー、ファン・サポーターが付いて、スーパースター（高額所得者）が生まれている。

知的能力を競うゲームでは、チェス、囲碁、将棋、オセロ等があり、最近ではｅスポーツも成長し、プロには大きな見返りが与えられるようになった。

序列や好奇心は、巨大な施設の建造だけでなく、稀少品（書画・骨董、貴金属、宝石等）の蒐集や、ペット（動物、魚、草木等）の飼育にも係わる役割をつくりだしている。

同様に、モデルや様々なデザインにもブランドがうまれ、展示会（ファッションショー）が開催され、料理ではミシュランのランク付けがあり、ギネス記録が世界で注目を集め、日本には、エネルギー（富）を使わずに、好奇心や序列を刺激する詩作（短歌や俳句）がある。

情報伝達（教育）のために様々な機器、施設・機関（幼稚園、小・中学校、高校、大学、予備校、塾、図書館、博物館、動物園、水族館等）があり、国家的な雇用をうみだしている。

**総合ソフト産業**

食べるだけで精一杯の生活では、他に何もできない。

（ライオンは食べれば寝るだけで余計なエネルギーは使わない）

しかし、古代ローマのように莫大なエネルギー（農畜産物・奴隷）があれば、余暇がうまれ、ソフトの感性を楽しむコロセウムや浴場等の文化・文明（様々な職業・役割）がつくられる。そして、現代の余剰エネルギー（化石燃料）は古代ローマを遥かに上回り、同調、排斥、役割分担、好奇心、異性獲得等を同時にとり込む総合ソフト産業（映画、観光、レジャーランド、ゲーム等）が成長し、大量の役割を生み出している。

＊映画は、通常、善と悪に分かれてつくられているが、これを、どちらにも与せず客観的に見ては、単なる事象の確認となり、少しも面白くない。

映画を楽しむには、どちらか（普通は主人公だが……）に肩入れする（感情移入）、すなわち属性の確認（入力）から始めなければならない。

先ず、自分が映画の誰かに帰属（味方）しなければ、映画は、かりそめの群れの話となってハラハラドキドキのソフト（群れ帰属、なわばり、序列、役割分担の使命感や修行の達成感）は働かず、しらけた（金返せ！）の映画となってしまう。

誰にでもあてはまる平凡な属性の人間が、ソフト（感性）が働く波乱万丈の経験をして、最終的にハッピーになるサクセスストーリーなら、ヒットすることは間違いない。

我々は、虚構（映画）であれ現実であれ、より自分が必要とされる、すなわち、より生き甲斐（役割）を与えてくれる世界（群れ）に強く惹かれていく。

現実で相応の役割が得られなければ、役割（見返り）が得られるゲームや趣味、悪の世界の方がまし（真の群れ）になる。

人類は役割分担という《仕掛け》をつくり、その見返り（分配）で生きるようになった。

役割分担は、言語を増やして大きな脳をつくり、莫大な情報を蓄積させた。

役割の見返りは、肉から農畜産物、さらに、エネルギーを圧縮した貨幣（富）となった。

人類は、富を得るために、貿易（位置エネルギーの利用）や大量生産（大規模分業）等の《仕掛け》をつくりだし、さらに、産業革命によって、火、農畜産物を遥かに上回る莫大なエネルギー（化石燃料）を利用するようになった。

化石燃料は、ソフトが求める快適で便利な商品、エネルギー（電気・ガス、燃料）に変換されて、高エネルギー生活（物質文明）をつくりあげ、地球の闇を輝かせている。

しかし、莫大な富は、《所有権》というエゴを解放したため、独占（偏在）されて、群れ全体に等しく分配（流通）されなくなっている。

分配（見返り）がなければ、群れの絆もなくなり、人口爆発は排斥のソフトをますます活性化させ、差別、イジメ、戦争やテロが止まらない。

ところが、資本（増殖のソフト）は、あくなき欲（富の追求）で、ロボット・AI等で効率を上げ、経費（特に人件費）を削減しようとしている。

しかし、ロボット・AIは、我々の役割（仕事）とその見返り（賃金）を奪い、人類がサバンナ以来営々と続けてきた《役割と分配の社会・価値観》を壊すことになる。

このまま資本の欲望を放置すれば、富（エネルギー）の循環（経済活動）はなく、一握りの富者と大量の貧者という単純な生態系になり、文化・文明は維持するどころか、消滅する惧れさえある。

ヒトは、ハード（食と性）だけ満たされても、生きてはいけない。

我々は、ソフト（同調・排斥・役割分担等）が満たされなければ、真に生きていることにはならない。

我々は貧しくても平等なら耐えられるが、いくら食糧があっても、役割のない差別には耐えられない。

役割（絆）のない群れではポピュリズムが台頭し、やがて、不満は富者に向かう。

## ⑹ 日本の方向（人手不足をどうする）

日本は、少し前までデフレでリストラをしていたが、今は、買い替え時期もあって需要が回復、人手が足りず、企業（財界）の意向に応え、政府は外国人労働者を増やそうとしている。

タイムラグ（過渡期）が終わり、いまこそ、政府が率先して労働環境を改善して賃金を引き上げ、若者に喜んで働いてもらう体制をつくる絶好（構造改革）の機会なのだが、日本の少子・高齢化を高額なロボット・ＡＩではなく、安易に外国人労働者で間に合わせ、日本を、かつての中国のように低賃金で儲ける国にしようとしている。

人が多いほど物が売れ、生産も上がり、財源も確保できるというのは高度経済成長期の年金的（無限連鎖講）発想で、目の前のニンジンしか見ていない。

かつての子供が多いインド・中国・日本は豊かだったのか。

生産性が低く、いくら働いても食べるのに追いつかず、口減らしで移民をせざるをえなかった。

子供が多くても、貧しい国は貧しいのであり、少子化は、必ずしも経済成長を妨げない。生命は、使うエネルギーより多くのエネルギーが得られなければ、子孫を残せない。人類は、他の動物と異なり、新たな《仕掛け》をつくって人口を増やし、再び餌（エネルギー）不足に陥るという歴史を繰り返してきた。

問題は人口の多寡ではなく、生産性が高い仕掛けの確保にかかっている。インフラを整備し機械を導入して生産性を上げれば、少ない労力でも、多くの利益（富・エネルギー）を得ることができ、人口が少なくても豊かな国づくりは可能なのである。

安価な外国人労働者は、一時は、途上国にも寄与し儲かるが、新たな技術が育たず、やがては自らの首を絞め、海外に対抗できなくなる。

労働（役割）に見合わない見返り（賃金）では人手不足になるのは当たり前で、3K（きつい、汚い、危険）等の作業は、文句を言わないロボットに任せる（下の世話等は、かえってロボットの方がいい）体制を進めるべきなのである。

育児や介護には人間性（温かみ）が必要で、AI・ロボットに任せられない。賃金を上げて、何としても若者の雇用を確保しなければならない。

医療診断や手術は、莫大なデータ（情報）を利用したAI・ロボットの方が見逃しも少なく、手術も正確、清潔にできるが、医師の立会（信頼）は欠かすことは出来ない。

我々は全てを機械に任せられず、自動販売機でカクテルを飲んでもうまくない。

ロボットがいくら上手にダンスを踊っても、一目見れば飽きてしまう。

歌舞伎やバレエには汗と伝統が沁み込んでいるが、ロボットにはない。

デジタル（ＡＩ・ロボット）に、日本独自の価値観（わび、さび）はない。

景気は循環するのであり、まもなく人余りになることが分からない。


かつては、力仕事に高い賃金が支払われたが、化石燃料（機械化）により、その価値はなくなり、一枚の絵に途方もない値がつき、様々なスターが莫大な収入を得、ただ生きるだけのハード（生活必需品）から、ソフト（趣味・嗜好品・便利なサービス）への転換が続いている。

機械（ロボット・ＡＩ）には大きな投資が必要だが、ロボット・ＡＩは自己主張をしない。

機械は用が無ければ仕舞えばいいが、人間はそうはいかない。

外国人労働者は、今はいいが、彼らは簡単に切り捨てられず、やがて自己主張を始める。

彼らの社会保障や日本の価値観の変化まで考えていかなければならない。

ロボット・ＡＩと外国人労働者、日本人労働者、それぞれメリット、デメリットがある。

人手（役割）は要らなくなり、ベーシックインカム（後述）も考える時代にきている。

ものをつくって売り富（エネルギー）を得ている貿易立国の日本は、苦労して自動車・機器等を輸出しても、少し資源（原材料）価格が上がれば、あっという間に差益が無くなり、赤字国に転落してしまう運命（立場・構造）にある。

日本は、資源（エネルギー等）を海外に頼る立ち位置を変えていく必要がある。

排斥の本能（彫刻の表面）は無くなることはなく、人口爆発で世界に満ち満ちている。

昔の戦争は気力・作戦がものをいったが、今は、科学技術と資源（エネルギー）、そして経済力がなくてはどうにもならない総力戦の時代である。

外交や貿易は、安価で安定したエネルギー（食糧、資源）を確保するためにある。

今は手札（富と技術）を何とか保っているが、いつまでも他国のエネルギー（資源）、武力（核）頼りでは、序列優先の国に見下され、まともな交渉（主張）など出来ない。

この本能（排斥ソフト）を考えない平和憲法は、神を信じろ、殉教しろといっているようなもので、現実（弱肉強食の世界）を全く見ていない。

独立・自衛のために防衛力は必要で、攻撃されれば、手痛い反撃があることを、序列優先の国に教えておかなければならない。

すぐ陳腐化する何千億円もする高価な玩具（イージス、戦闘機）を買うのはやめ、その富は先々も有効なミサイルを瞬時に破壊するようなレーザー・電子兵器の開発に使うべきである。

土壌（ダイオキシンや放射能）洗浄施設だけでなく、プラスチックごみを回収するロボットや大規模施設を国指導で開発すれば、世界で名誉ある地位を占めることができる。

日本は、国土保全を考え、外国人の土地購入を安易に許さない法律とともに、廃屋、耕作放棄地を公有地に編入できる法律整備を急ぐべきである。

山菜・ジビエを採り入れた里山（都市と自然の緩衝帯）の振興を図ることは、豊かな自然を残して獣害・風水害を防ぎ、役割をつくって過疎化を防ぎ、食糧の安全保障、地方創生にもつながってくる。

建設国債は借金というが、老朽化したインフラ（道路や橋、下水道等）の改修（公共事業）は、未来の子孫に恩恵を与えるもので、効用を訴え積極的に実施していくべきである。
＊政府は失われた20年では、堂々と国債を発行して、雇用をつくりだすべきだった。

## 3　ソフトのおさらい

暗黒の熱水噴出孔の周りで細々と生きていた生命は、地球に万遍なく降り注ぐ太陽エネルギーを利用（光合成）して増殖する独立栄養生命（藍藻植物）の誕生で一変する。

放出された大量の酸素は、空ではオゾン層、海では多細胞化に必要な接着剤（コラーゲン）をつくり、藍藻自らは莫大な太陽エネルギーを蓄積し、従属栄養生命（動物プランクトン）の餌となって、様々な生命を次々と誕生させ、食物連鎖をつくりあげた。

小さな雨粒のように単発的に利用されていた情報は、食物連鎖（淘汰）の中で、常時、共有・記憶・伝達されて川や湖のようになり、情報分析機能（脳・環境地図）も発達、番い繁殖、渡り、回遊、熟練等がある多様な生態系（姿・形、行動）がうまれた。

仲間といれば安心し、一人では不安になるのは、我々に鰯と同じ群れソフトがあるからで、この感性がなければ、仲間と一緒にいようがいまいが、何の感慨もない。

ライバル（同種）に負けまいとするのはなわばり・序列ソフトがあるためで、このソフトを利用して闘虫や闘魚、闘鶏、さらに闘犬、闘牛が行われている。

《絆や生き甲斐》を求めるのは、我々に役割分担のソフトがあるからである。

### ⑴ ソフトは「彫刻の表面」（赤信号……、不祥事）

蚊はヒトの肌を《赤外線と炭酸ガス》という必要・最低限の情報（一筆）で描き、カエルは虫を《小さな影》という一筆で描いて生きている。

蚊やカエルにとって、肌や虫が何なのか、どんな形や色なのかなどはどうでもいい。アバウトに、餌だと分かれば、それで十分なのである。

ソフトは、極めて大雑把だが、蓋然性を重ね凝縮進化していくと、初めは針のような小さな孔も徐々に洞穴のように大きくなり、その洞穴の中に新たな孔ができ、その孔がさらに蓋然性を重ねると、我々には思いもよらない精妙なソフト（絶景：狩人蜂の産卵等）になっていく。

たまたま仲間に同調したことがきっかけで、鰯やフラミンゴの金太郎飴の群れ（絶景）がうまれ、たまたま相手を突っついたことから、記憶細胞が増えて比較が可能となり、そこから巨大な角の鹿や、華麗な姿の鳥（絶景）がうまれてきた。

現在の生態系という類い稀な《絶景》は、淘汰の単純、アバウトな蓋然性によって削られてきた。

《影》を起動条件にしたカエルは、動く影なら何でも反応、餌と誤って飲み込めば吐き出せばいいだけで、カエル（ソフト）に失敗や後悔の念など全くない。

カエルの採餌ソフトは単なる溝（彫刻の表面）であり、そこに理性（理屈）などない。

生命は、この溝（凝縮された蓋然性・データ）以外に、生きる術（指針）を持たない。

そして、我々も、この何も考えないソフト（溝・……らしく見える彫刻の表面）に動かされて生きている。


仲間に同調したことが《情報の共有》につながり、餌や敵に素早く反応できたのだが、ソフト（溝・彫刻の表面）は、そんな理由・結果はどうでもいい。

ソフト（溝）は、条件を満たせば感性（行動の指令）を発し、法令（理性）無視の《赤信号、皆で渡れば……》となり、この溝により、プロパガンダに付和雷同するポピュリズムがつくりだされる。

ソフトにとっては、仲間と一緒なら安心（正解）、一人残されては不安（不正解）なのである。

たとえ、信号を守っても、役割分担（最近できた義務）が少し満足するだけで、見返り（ご褒美）は殆どなく、古くからある同調の感性（プラス、マイナスの誘惑）には及ばない。

排斥のソフトも同じで、なわばり・序列の効果などは考えず、《馬鹿の一つ覚え》で、属性が違えば即、反応、《坊主憎けりゃ袈裟まで……》で差別やイジメを始める。《イジメ、差別》は悪いことと教えても、ソフト（溝）は憶えられない。憶えることが出来るのは脳（ツール）だけで、残念ながら、決断（感性を発）するのは、《馬耳東風》で善悪の見境がつかないソフト（溝・彫刻の表面）なのである。

脳は、《分かっちゃいる》けど、ソフトは、《やめられない》。

アイヒマンにとっては、ただ役割があれば満足で楽しく、このソフトによって善（正義）を無視して悪事を働く機能的な窃盗団（群れ）がうまれる。

理性（理屈）の忠告など、ソフトにとってはどうでもいい。

脳は、ソフトのために、如何に宝石を盗み出すかだけを考えればいいのである。

我々が本当に納得する（腑に落ちる）のは、心（感情）が動いたとき、すなわち、ソフト（彫刻の表面）がOK！といった時であり、ソフト（溝）は、その条件さえ当てはまれば、《赤信号、皆で渡れば……、坊主憎けりゃ……、阿吽の呼吸》で、理性を羽根のように吹き飛ばしてしまう。

このソフト（本能）を矯正するには、長い修行・訓練（パターン化）が必要で、聖人（孔子）でさえも《心の欲する所に従えども矩を踰えず》となったのは70歳だった。

このため、いくら立派な脳を持った教育者・役人でも、目の前に魅力的な異性がいれば、ソフトにハートマークを点灯し、《赤信号、皆で渡れば……イケイケ》となり不祥事が絶えない。

後の祭りだが、反省するのは脳だけでソフトは反省し（懲り）ない。

ソフトは同じ情況（条件）になれば、再び同じように反応してしまう。

覚醒剤、万引等の再犯を防止するには、前もって、同じ環境をつくらない、同じ環境になると思われるところには近寄らない工夫が必要になってくる。

ソフト（溝・彫刻の表面）の本質（反応）を甘く見て、せっかく得たポスト（役割）を失う人間の何と多いことか……（もったいない）。

これは、我々が理性ではなく、単純な感性（溝）で生きていることを示している。

## ⑵ 役割分担ソフトの陥穽と不適応

ソフトは、ハード（基本機能・命）という神輿（主人）の担ぎ手（僕）であり、神輿が最も大切で、これがなくては、ソフトの役割も必要なくなってしまう。

親鳥は、雛や巣を守るために偽傷行動をするが、自分の命までは捨てない。

親が死んでは、卵も雛も生きられず、親が生きてさえいれば、再度、卵を産んで子孫を残すこともできるからである。

チーターは、狩りソフトで生きてきたが、動物園では、狩りをしなくても生きている。
＊チーターは、苦労せずに肉が得られ楽だが、獲物を仕留める狩りソフトの感性（喜び）を奪われ、この世代が続けば、優美な体型（構造系）も維持されなくなる。
このようにハードはソフトより優先されなければならないが、兵隊蟻は、群れを守るために自分の命（ハード）を投げだしており、この論理とは矛盾しているように見える。

これは、蟻の群れでは、女王だけが守られるべき真のハード（エネルギーを利用して増殖する機能）であり、兵隊蟻は、エネルギーは利用して生きてはいるが子孫を残す繁殖機能はなく、半分はソフトのような生命（存在）になっている。

ソフト（手足となる兵隊蟻）が欠けても、補給可能で、群れは何とか残せるが、ハード（女王）が欠けて（死んで）はどうにもならない。

ところが、我々人類は、個体として完全なハードなのに、時として、この大切なハード（命）よりソフト（役割）を優先し、まるで群れを守る兵隊蟻のように死（殉教や自殺テロ等）を選択する。

この、他の動物には見られない現象は、役割分担ソフトの強い感性からうまれる。

この命（基本機能）にとって不都合な現象（陥穽）は、サバンナの環境がつくりあげた。

サバンナで身勝手な行動をしては、命取りとなる。

祖先の群れは一蓮托生の《役割を持ってナンボ！》の群れ（第3類型）となった。

この群れでは、役割を分担すれば肉や同調・序列等の《見返り》が得られるが、役割が無ければ《タダ飯食い、穀潰し、厄介者等》として存在意義が否定されるようになる。

《役割を持ってナンボ！》の群れでは、サルや狼の肉体的な攻撃（イジメ）は後退し、役割（絆）を奪う《差別やイジメ》がうまれる。

特に、《無視》は、仲間と語り、競い、助けあい、泣き笑いするつきあい（絆や生き甲斐）

を断ち、心を枯れさせる陰惨な制裁であり、江戸時代の《村八分》も、これにあたる。《役割を持ってナンボ！》の群れで役割（つきあい）が無いことは、群れが自分を必要としていない、自分の存在が否定されたことになる。

役割がなければ、人生は無意味であり、そんな群れにはいられない。

経験を積んだ大人は、一つの（群れの）属性に囚われず、様々な見方が出来、討ち入りしない赤穂浪士もいたが、閉じた群れ（学校や職場、家訓を刷り込まれた白虎隊）ではそうはいかない。

逃げ場が無く、存在意義（生き甲斐）を奪われた子供は自殺に向かうしかない。

しかし、力のある大人は、無視や差別をする社会をひとくくりにして反発し、無差別殺人に向かう。

誰か一人でも声をかけてくれれば、命は救われたのだが……。

役割分担ソフトの感性は、同調や排斥の感性と同様に両刃の剣として働き、役割があれば《絆や生き甲斐》をもたらし、これを失えば、刹那主義、虚無主義、実存主義、そして自殺が待っている。

我々は、脳を肥大化させ、憶測の感性もあるため、理性的で後先を考えているように見えるが、実態は何も考えないソフト（彫刻の表面）に動かされている。

《役割を持ってナンボ！》の群れは、役割を求め従うアイヒマンをつくりだす。

彼が最も必要とするのは役割（命令）であり、ソフトが本来目指す見返り（金貨という分配）さえも必要としない。

彼は反ユダヤ主義者などではない。

ただ、命令に従い、同調のソフトを満たし、序列や安心（保証）を得たいだけである。

彼は役割分担ソフトの権化（ロボット・典型）であり、命令されれば、何の躊躇もなく核のボタンを押し、その結果は考えない。

逆らえば軍法会議が待っているのである。

そして、世界は、役割（命令）に従い服従競争をするアイヒマンで溢れている。

アイヒマンになるのは簡単で、必要なのは、命令に素直に従う真面目さだけである。

これに対し、杉原千畝になるのは容易ではない。

一つの群れ（人種、民族、国家）に縛られない人間性（広い価値観）と、役割（命令）の目的・結果を考えて実行できる理性（脳）と意思（ソフト）が必要になる。

人権を尊重する群れもあれば、蟻・ハチのように自国のために、特攻や自爆テロを強いるISや戦前の日本のような群れもある。

群れが異なれば《対岸の火事》で、客観的に見られるが、その群れにいて役割（命令）を拒否するのは容易ではない（オウムは、これを無視した愚かな裁判……）。

役割分担ソフトは、《阿吽の呼吸》で同調や排斥のソフトには及びもつかない成果を生みだすが、一方で、死を覚悟して始皇帝の暗殺に赴く刺客（荊軻）をもつくりだす。

ハードとソフトの主客転倒だが、このソフトは強く、我々は、この《絆・生き甲斐》を求める感性により、一生を岩穴で過ごし、五体投地で聖山を巡り、殉教さえ厭わない。

このソフトなしにアイヒマンはうまれず、スターリン、毛沢東、ポルポトの大粛清も実行されない。

しかし役割は、豊かになれば《飛鳥尽きて良弓蔵る》で、必要なくなってくる。

莫大なエネルギー（化石燃料）と技術の革新で役割（絆）は失われ、人口爆発で排斥感性がますます高まっている。

一方、ムスリムは、日に5回も拝礼し、そのたびに祝福を得ている。

日本人と較べ、どちらが幸せなのかはいうまでもない。

我々は、パン（結果）のみでは生きていない。

我々は、ソフトの不適応（弊害）を防ぐべく、様々な宗教、法や体制、価値観をつくりあげてきたが、情報伝達が世代交代に追いつかない。

《最大多数の最大幸福》という言葉は、今、地に落ちている。

## 補強が必要なソフト

同調のソフトは、排斥ソフトと違い、その効果がすぐには現れないため、その凝縮進化には気の遠くなるような淘汰（時間とエネルギー）が必要だったが、排斥のソフトは、これを持つ個体と持たない個体との効果（メリット）が歴然のため急速に凝縮進化したはずである。

既に凝縮進化を終えた同調・排斥のソフトは、磁石のように、同じ属性なら同調、属性が異なれば反発する快・不快の感性を発し、改めて情報を伝達（学習）する必要はない。

しかし、役割分担ソフトは、そう簡単ではない。

歌や絵に上手・下手があるように、役割分担ソフトは、役割を積極的に望むアイヒマンのような人間もいれば、他人に使われるのを嫌がる職人気質の人間、さらには、他人の意向を全く気にしない人間もおり、我々にはかなりのバラツキ（凝縮進化のブレ）がある。

この理由は、ソフトの歴史が浅いことと、ソフトの感性がなくても、同調だけで役割分担しているように見え、そのような個体（フリーライダー）を、《まあいいか》で残してきたことによる。
＊蟻、蜂、シロアリにも働かないフリーライダー（予備軍）はいるらしく、生命は、多様性を保つことによって生き残ってきた。
凝縮進化して間もない役割分担ソフトは、同調（一階）と序列（二階）の上に建てられた不安定な三階建ての機能（雛型）のため、砂山の途中にあるようなもので、何もしなければ、ずり落ちてしまうため、様々な補強（宗教、法、体制をつくって）をしてきたが、世代交代に間にあっていない。

外敵がいない環境では、気が弱く他人に気遣う《のび太型》より、エゴを強く主張するチンパンジーのような《ジャイアン型》の方が有利に子孫を残すことができる。

ところが、猛獣がうろつくサバンナ（狩猟採集生活）では、結束（協力）が必要なため、祖先の群れでは、やさしい《のび太型》が子孫を残し、ソフトを進化させてきた。

しかし、定住（農耕）が始まって、差し迫った危険（危険な猛獣）がなくなると、同種が敵（ライバル）になり、再び《ジャイアン型》が力を発揮するようになる。

すでに凝縮進化した同調、排斥ソフト（本能）は、教えなくても働くが、役割分担は、チーターの狩りやウグイスの鳴き声と同じ《雛型のソフト》であり、これを完成させるには、補助（学習・経験）が必要になる。

また、役割分担は、自己犠牲もあるため、せっかく凝縮進化した個体の方が淘汰されることもあり、その普及は、排斥ソフトのように一方的（順調）には進まなかった。
＊死んで群れを救った個体は、子孫がいれば、大事にされてソフトの遺伝子が残されるが、
　子孫がいない場合は、その遺伝子は途絶えてしまう。

危険な役割を放棄して逃げ出し、表面だけ役割分担して子孫を残す個体もいた。

その結果、人類の役割分担ソフトには、役割を熱望するアイヒマン型から、他人に使われるのを嫌がる人間まで、かなりのバラツキがある。

**役割分担ソフトの未進化**（サイコパス）

ソフトがある程度凝縮進化していれば、補強（伝統・価値観の伝達）も働くが、ソフト（雛

型）が全くなくては、いくら情報を伝達しても《ザルに水》で、憶測の感性も発せられない。

彼らは、チンパンジーと同じで、仲間への思いやりなどなく、自己主張するだけである。

彼らに仲間との絆（共感、良心）はなく、序列をあげるために何でも利用し、平気で嘘をつき、人を裏切り、騙すことができる。

憶測の感性もないため、短気・衝動的で、結果にしか反応できず、熟考を要する《三方よし》などは考えられない。

自分を偉く見せようとする虚言癖があり、気にいらないものは即排除するため、傍目からは、まるで勇気や決断力があるかのように見え、さらに、これに権力のローヤルゼリーが働くと、批判することが出来ないヒトラーのような絶対権力者になってしまう。

しかし、これは大きな勘違い、不当に高い評価であり、彼は、単にソフトが欠如しているだけで、責任感など微塵も持ち合わせず、目の前の損得勘定だけでしか生きていないサルなのである。

愚かなサルは、温暖化も、少し考えれば（手を入れれば）分かる筈なのに、水の表面しか見ず、沸騰するまで水の変化（温度上昇）に気付かない。

ソフトを持ち合わせない彼は、いわゆる《サイコパス》であり、犯罪者予備軍（詐欺、強盗、殺人者、冷酷な侵略者、独裁者等）となり、人類の歴史を揺るがしてきた。

他人の不幸を喜ぶサイコパスに、慈愛や博愛（敬意）などない。

他者への気遣いなどなく、中国では、《覇座》が話題になっており、弱者に配慮できないためペットを育てる（飼う）ことができない。

（人間不信で犬を飼うリーダーもいたが……）

我々は、役割分担ソフトを補強するために、様々な行動規範（宗教等）をつくりだしてきたが、莫大な余剰エネルギーをもたらす農耕牧畜、産業革命によって、平等に分け合わなくても、何とか生きられるようになった。

これは、何を意味するか。

狩猟採集生活の平等な価値観が後退し、人類の群れは《序列をあげてナンボ！》の格差があるチンパンジーの群れ、《サイコパス》が大手を振って歩く群れ（体制）に戻ることを意味する。

彼らを矯正できるかどうかは、ソフトの出来にかかっている。

少しでもソフトがあれば何とかなるが、これがなければ、教育より罰が必要になってくる。

サイコパスは本人の責任ではなく、レッテル貼りをするのは危険だが、能天気に人間はみな同じ（話せばわかる）と思っていると、とんでもないことになる（経験から学んだ）。

アイヒマンにもサイコパスにも、備えを怠ってはならない。

## (3) 脳の過大評価

役割分担は、ソフト（感性）だけでは出来ない。

役割を伝える媒体（言語）が必要で、我々は、これを長い成長期の中で学習する。

群れの強さは、群れの結束、すなわち、役割分担の如何にかかっている。

中国の王朝は、富国強兵のため様々な人材を求めたが、頭の優秀さは、外見だけでは判断できず、自他薦に基づき、いちいち話を聞きながら確認しなければならなかった。

国土が広がれば、候補者も増えて、選考も大変になってくる。

王朝は、この手間を省くために、官吏登用試験（科挙）を始めた。

その内容は、四書五経の解釈や詩作によって、脳の性能（記憶、言語、憶測等）を試すものだった。

人類の脳は、そもそも、役割分担のために凝縮進化してきた。

頭がいいということは、役割を理解し従う憶測の能力が高いこと、すなわち、煩雑な法律を熟知、解釈でき弁も立つことであり、試験は、これを問うものとなる。

これにうってつけなのが、頭のいい大学（法学部）の出身者であり、役割分担（忖度）能力の高い官僚は、皇帝にとっては、極めて使い勝手のいい手足となる。

政策を実行（決定）するのは皇帝や政治家であり、官僚は意見を述べる事務方である。

そして、足が速い、腕力が強いからといって必ずしもいい人間とは限らないように、憶測（クイズ）が得意でも、《巧言令色鮮し仁》で、人間性まで立派ということにはならない。

曹操は、これを冷静に見切り、とりあえず、品行より才能を求めた。
＊曹操は、本当は、絆（信頼）も欲しかったが、関羽からも荀彧からも得られなかった。
我々は曹操のように、才能と人間性（品行）を分けては考えられず、技・体があるなら、つ

いつい、孔子の末裔のように、心も立派な人間と考えてしまう。

このため、議員等におもねるとんでもない某庁長官、省次官や、仕事より絵画蒐集に熱心な知事が生まれてくることになる。

記憶が得意な官僚は、《有職故実》の前例踏襲主義に胡坐をかき、変革は求めず、かえって、結束して、これを阻止しようとする始末である。

いくら頭（経歴・資格・弁）が良くても、虎の威を借るキツネでは、どうにもならない。

能力を自分のためだけに利用するか、《三方よし》で、国民のために使うかは、ソフトの出来と、刷り込まれた属性（価値観・志・高邁な精神）にかかっている。

キリスト教は、脳優位の価値観（人間中心主義）で、豚や牛等に、勝手に序列を付け、捕鯨に反対させている。

我々は考える葦かもしれない。

しかし、葦が考えて、どうなるのか……。

考えるのは、同調・序列・役割分担のためで、好奇心はオマケである。

## ⑷ 役割分担と分配（ワンクッション）

採集生活（森）では、各自が目の前の餌を直接採って食べていたが、サバンナで狩り（役割分担）が始まると、分配（肉の分け合い）という《間接的に餌を得る方法》が加わった。

狩りにより、群れは、各自が独自に糧を得ていた群れから、役割の見返り（分配という間接的な方法）で糧（物・心）を得る《役割を持ってナンボ！》の群れになった。

狩猟採集生活では、狩り（役割分担）を維持するために、獲物は、狩りに参加しない個体にも分けられ、群れの絆をつくりあげていたが、この良き習慣（助け合い・おこぼれ）は、農耕が始まると徐々に失われ、宗教的な喜捨、寄付等として残っているだけである。

《助け合い・おこぼれ》はなくなったが、役割分担を前提とした分配方法は残った。

大自然が後退し直接餌が採れなくなると、人類の食糧（エネルギー）の殆どは、役割分担という間接的行動（仕事）なしには得られなくなってしまった。

大量の農畜産物が、市場に溢れていても、かつて（採集生活）のように、これを勝手にとるのは犯罪（タブー）となり、仕事をして貨幣を得、これと交換しなければならなくなり、この慣習が今も続いて、我々を悩ませている。

役割分担（仕事）の見返り（報酬）として得られる貨幣（オールマイティの交換媒体）は、経済（エネルギー循環）の血液となっていく。

### (5) 国債は必要

過剰生産は、エネルギーはあるのに、経済（ものやサービスの流れ）が停滞する不況をつくる。

ケインズは、この渋滞を、公共事業（新たな雇用と賃金）で解決しようとした。

公共事業は、景気回復のカンフル剤だが、やがて、効果は貯蔵ソフトに吸収され（織り込まれ）て税収（見返り）が上がらず、その財源（赤字国債）が問題になっている。

結果（赤字）ばかり強調され、その原因の追求と反省が全くない。

赤字国債の主要な原因は、計画の甘さと、政治家・官僚の《親方日の丸のバラマキ、タカリの体質》と国民の事業実費を負担しようとしない《甘え》にある。

北欧では、高福祉に高負担は当たり前で、アクアラインや本州四国連絡橋も、正当な料金をとるべきなのに、世論（受益者）におもねり採算度外視の低料金で赤字にしている。

安易なバラマキ（サービス）で国民を甘やかし資金の回収を怠れば、たとえ、資源国でも財政破綻してしまう。

政府は、事業の財源、効果、展望を正確に示して、正当な料金を提示すべきで、有権者の《甘え》に迎合すべきではない。
＊平等に名を借りた不平等（健康な国民にも多くの負担を強いる介護、健康保険）は問題。
エネルギー（燃料、食糧）がなければ、どうにもならず、暗く寒い夜を過ごさなければならないが、エネルギーがあれば、ネオンやテレビが点き、ゲームも出来る。

ケインズは、《穴を掘って埋める》ような事業でもいいと言っているが、バイパスだけで渋滞を緩和させるようなものである。

余剰エネルギーがあれば、やがて、もの（ハード）から心（ソフト）に流れ、古代ローマのように新たなサービス（雇用、文化・文明）が生まれてくる。

現在の不況は、新たな役割（雇用）が生まれるまでのタイムラグと考え、経済成長に固執せず、この間は、地道にインフラ再整備や環境保護政策を進めるべきだった。

そもそも、役割分担（雇用・仕事）はエネルギーを得るための《仕掛け》であり、エネルギーがあるなら仕事などしなくてもいいはずなのだが、農耕以来の習慣（役割と見返りのワンクッションのセット）に囚われたケインズは、チャップリン（モダンタイムス）のような仕事しか考えない。

エネルギー（獲物）があるなら、狩猟採集生活のように良き分配（大盤振る舞い）をすべきなのだが、資本（増殖ソフト）は、利益優先で合理化（人件費削減）を進め、それが、やがては需要を奪い、自らの首を絞めることになることなど考えない。

（各国は、ゼロ成長でもいい分配体制を考えなければならない）

エネルギーは、多様な生態系（様々な役割・文化）がつくられて循環するのであり、いくらエネルギーがあっても、独占や過剰生産で循環しなければ、文明（豊かな生態系）は失われ、カンブリア紀前のひっそりとした生態系（暗黒の硫黄菌世界）に戻ってしまう。

国債は子孫の負担になるというが、必ず返さなければならない借金と異なり、出世払いの借金（贈与）のようなもので、すぐさま国民に全額返済を求めるものではない。

国は、その富（エネルギー等）の範囲内で、また新たな富を得る見込みがあるなら、これをカンフル剤として大いに発行すべきで、償還など気にする必要はない。

たとえ、発行額が数千兆円になっても、通貨供給量が国の富の範囲内、または少し上回る程度なら問題（被害者）などない。

## ⑹ ベーシックインカム

祖先は狩りのために役割分担という《仕掛け・本能》を凝縮進化させた。

そして今、人類は莫大なエネルギー（化石燃料等）を手に入れ、人類全体として余っているのに、皮肉にも、そのエネルギーと機械（ロボット、ＡＩ、ＩｏＴ）に役割（仕事）を奪われ、必要なエネルギーが分配・循環されない情況がうまれている。

狩猟採集生活の価値観からすれば、余剰エネルギー（富・獲物）は平等に還元（分配）されるべきだが、農耕がもたらした農畜産物は分配しても余ったため、世襲の王侯・貴族が独占するようになった。

この世襲体制は、市民革命（平等思想）によって一部修正されたが、所有権を認めたことによって、資本家が王侯・貴族等に代わって独占するようになった。

そして、残念ながら、分配は役割分担の見返りという価値観で、富があっても労働をせずに分配（エネルギー）を得ることができない。

役割がなくなれば、絆も失われて社会は不安定化し、テロや暴動が始まる。

生産性がない老人や障害者、ＬＧＢＴを厄介者として差別し、道具（機械、ロボット、ＡＩ）の方に価値を置く富優先の資本主義社会に未来はない。

エネルギー（富）は人類全体で余っており、その有効利用（循環）を図るには、役割分担（仕事）と見返り（分配）の繋がりを切り離すことも検討しなければならない。

かつて、この役割（仕事）と見返り（分配）の繋がりを解いた国があった。

パンとサーカスの古代ローマ帝国である。

ローマの皇帝・富豪は人気を得るために、パンを無償で配った。

役割（仕事）を前提とせずにものを分配（給付）する《ベーシックインカム》の先駆けである。

その背景には属州からの莫大な余剰エネルギー（農畜産物と奴隷）があった。

そして今、我々には余剰農畜産物の代わりに莫大な化石燃料、奴隷の代わりにロボット、AI、IoTがある。

パンとサーカスは愚民化（バラマキ）政策だとする非難する意見がある。

しかし、政治の目的は本来、役割と見返り（食糧）を与えるためであり、ものが既にあるなら、敢えて、嫌な役割分担（仕事）をする必要も無い。

これを妨げているのは、序列意識にほかならない。

しかし、生活保護のように一部の人間だけ受給するから不平等感がぬぐえないだけで、誰でも一律に生活費が支給されるなら、問題は無い。

狩猟採集生活では、獲物（肉）があるなら、それは間違いなく分配されるはずで、これに反対するのは、群れの絆を否定することと同じである。

余ったエネルギーはアメリカのように、様々なスポーツ、エンターテインメントすなわち、新たな役割をつくり出すことになる。

ローマの衰退は、軍事費や人口の増加で余剰エネルギーが無くなったからで、分配したパンとサーカスのためではない。

化石燃料は有限だが、我々は、やがて新たな技術（自然・再生・原子力等）で充分なエネルギーを確保するようになる。

そこで、どうするかが問題で、いくら富（エネルギー）があっても、偏在して使われなければ何の意味もない。

役割（仕事）との引きかえにこだわるなら、先に、ベーシックインカムを実施して生活の安定を図り、その後の、新たな役割の創出を待ってもいいのである。

過疎地等に限定して、年金、児童手当、生活保護費等を一元化した一年で使い切りのキャッシュカードを実験的に支給してはどうか。

過疎地のベーシックインカムは、小規模、煩雑な行政事務を大幅に軽減し、将来の生活不安もなくし、里山を守り、大都市への一極集中を防ぎ、国土の保全につながる。

ベーシックインカムは、貯蔵ソフト（エネルギー不足）の不安を解消、みんな同じ（平等）なので同調のソフトを満足させ、序列ソフトの差別をなくし、信頼を回復させ、憲法が謳う健康で文化的な最低限度の生活を保障し、地方創生の特効薬となるはずである。

怠惰を助長するというが、ヒトはソフトにより何かをしなくてはならず、少なくとも貧困による犯罪は少なくなってくる。

財源は、インターネット（GAFA等）税、ロボット税の導入、タックスヘイブン税等の強化が考えられるが、消費税の大半を確実にベーシックインカムに回すなら、誰にでも還元され、いくら高くても内需を冷やすことはない。

問題は分配すべき食糧やエネルギーを如何に確保するかであり、これが無ければベーシックインカムなどやりたくてもできない。

安価で安定したエネルギーを確保するためには、輸入（海外）に頼るエネルギー（化石燃料）を減らし、自前のエネルギーを確保していく必要がある。

いくら努力してもオイルショック等は防げず、その先には冷たく暗い世界が待っている。

原発は脱炭素（温暖化）とともに、この安定性がある。

政府の政策（外交・防衛）は、エネルギーを確保し分配するためにある。

そのための国債はいくら増えても子孫のためであり、負担とはみなされない。

ベーシックインカムは、子供が多いほど多く支給されるため、少子化に歯止めがかかり、いやな客や上司に無理してへつらう必要もなく、ブラック企業は淘汰され、《生き甲斐》のある創造的役割が新たに期待でき、老人、障害者も厄介者ではなくなってくる。

よりソフトの満足を得ようとする人間は、働けば、そのまま減額されず収入になり、失敗を恐れず起業することも出来、企業も容易に解雇できるため、産業構造の転換（新たな役割の創造）も進むことになる。

サーカス（娯楽）は、退廃と見るより、新たな役割の創造と見るべきで、そもそも我々生命に、絶対善などはないのである。

働かなくなるというが、我々はエネルギーを得るために働いてきたのであり、エネルギー

（ベーシックインカム）があれば、無理して働く必要などない。

そして、我々には、人の役に立ちたい、競いたいというソフト（彫刻の表面・本能）、すなわち《生き甲斐》があるため、役割（勤労意欲）が無くなることは考えられない。

生活保護費には所得制限という負の壁があったが、これが無くなれば、趣味や余暇のために働いて収入を増やしてもいいし、ボランティアも増え、三方よしの企業や消えゆく伝統技術・文化を残すことも出来る。

ベーシックインカムは経済犯罪を減少させ、物質優先の価値観を見直すことにもなる。

いま、資本の暴走を見直さなければ、せっかくエネルギーがありながら循環せず、自らの首を絞めて有効に利用されない社会になってしまう。

ベーシックインカムは、同調（平等）と排斥（所得向上の欲求）を満足させ、新たな役割分担（群れの絆）をつくりあげる画期的な《仕掛け》となるはずである。
＊ベーシックインカムは、納税者番号（受給資格）が前提、移民問題も。

### ⑺ 事実の問題（フェイク）

祖先は役割分担を続けるために分配を始め、神話（行動規範）をつくってきた。

今から見れば、事実誤認、思い込み（こじ付け）がある行動規範（タブー等）だが、一度つくられると、同調や排斥の感性が働き、伝統（ハラール等）として守られる。
＊イモ虫は、遺伝子に刻まれた葉しか食べないが、情報伝達種は、伝えられた情報に従い、

タコ・ウニどころか、毒（フグ）まで食べるようになる。

食は、自己責任の《蓼食う虫も……》のはずだが、反捕鯨団体のように、自分の行動規範（キリスト教的価値観）を他人に押し付ける人間・国がいる。

一度、行動規範として刷り込まれると、これを変えるのは極めて難しい。

キリスト教は、人間中心の天動説を採用したため、ガリレオの地動説は出る杭（異端）として打たれ、破門が解かれるのに４００年もかかっており、いまも、神話（天地創造等）を信じる人々が多くいる。

人類は、役割分担の情報伝達で今日の隆盛に至った。

そして今、マスメディア、インターネット等に真偽（責任）を問わないフェイク・ガセネタが氾濫している。

我々は、一部に事実を混ぜて伝えられると、ついつい信じてしまう。

分別（知識・経験）が付く頃、我々には、人生の終わりが近づいている。

へつらいと謙虚は、表面は似ているが、中味が全く違う。
＊へつらいは序列に屈し、謙虚は序列を抑えている。
サルや犬にへつらいはあるが、謙虚さなどはない。

他者を思いやるには、狩猟採集生活の分配のやさしさ、智恵が必要だが、エゴ優先の《何とかファースト》には、利己心（エゴ）しかない。

チンパンジーは、序列を得るために声を張り上げ、枝を揺らし、石を投げ、噛みつき、時には同盟までするが、《何とかファースト》の人間も何でも利用し、良心の呵責なく嘘（フェイク）をつく。

アメリカ（ネオコン）は、9・11テロの時、大量殺人兵器保有のフェイクでイラクに侵攻、その結果ＩＳがうまれ、テロの何百倍もの人命、財産が失われ、シリア難民が欧州に流れ込み、今も大問題になっている。

ロシアは、アメリカの大統領選にフェイクで介入、既成の政治に不満な福音派、ブルーワーカーをとりこみ、まんまとアメリカと西側同盟国を混乱させる想定外（瓢箪から駒）の結果を得た（女性候補の侮蔑発言も不味かった）。

役割が無ければ絆（信頼）も失われ、衆愚政治（ポピュリズム）がうまれ、世界は、レッテル貼り（フェイク）で国民を騙すリーダーが列をなして生まれている。

悪貨（フェイク）は良貨（信頼）を駆逐する。

ヒトラーは、レッテル貼りと言論・報道の自由を封殺しホロコーストを行った。

我々が変えられるのはレッテル（属性）だけで、ソフトは変えられない。

## 4　ヒトの未来

億年間、結晶のように静かに増殖していた生命は、全球凍結後、大変身（進化）を始めた。

植物生命が放出した大量の酸素により生命は多細胞化、さらに、植物生命は、多細胞化した従属栄養生命の餌（エネルギー）となって、その進化を促した。

多細胞生命は、淘汰情報を変異に採り込み細胞の役割分担を始め、様々な生き残りの仕掛け（構造系、行動系のソフト）をつくり、生息域を拡大していく。

遺伝子に刻まれた単純な構造系（膜や殻等）の情報は、刺激に反応する細胞（センサー）ができると、プランクトンを捕えるクラゲのような行動系の情報として利用されるようになった。

さらに、センサー情報を集める脳（環境地図）がつくられると、鰯や鰊のように同調することによって情報を伝達する金太郎飴の群れがうまれてくる（このソフトにより、我々は、隣の芝生が気になり、音楽に魂を揺さぶられる）。

餌が限られてくると、同種をライバルとするなわばり・序列ソフト（エゴ）がつくられて情報の記憶が始まり、その記憶（脳）から、番い（子育て）繁殖や、母川回帰・回遊、さらに、巨大な角や美しい羽等がつくられることになった（排斥のソフトが、負けず嫌いやイジメをつくりだしている）。

大型化し地上に降りたサルは、栄養豊富で美味い肉を得ようと、様々な道具をつくり、狩り（役割分担）を始め、情報媒体（言語）を発達させ、命令のままに動く（催眠術にかかる）までになった（かかりにくい人間もいるが……）。

役割分担の効果は絶大で、人類は、シロアリのように高い塔を建て地球の動植物を支配するまでになった。

しかし、なんということはない。

バッタと同じで、過去の情報（遺伝子に刻まれた構造系・行動系）を利用して現在の情報に反応しているだけなのである。

カニが自分の甲羅に合わせ穴を掘るように、カエルが餌をアバウトな影で描き、コウモリが超音波で世界を見るように、我々は、独自のセンサーとソフトで世界を見ている。

同調や排斥のソフトは、混沌（闇）の世界で生き抜くための一筋の明かりとなってきた。

バラバラ（自由）では、なす術なく食べられてしまう鰯や鰊は、群れをつくって生き残り、サルや狼は、さらに、なわばり・序列を採り入れて生き残ってきた。

サバンナでつくられた情報（役割分担）ソフトは、最も大切な命（ハード）まで投げ出す感性を発して脳を大きくし、火の利用が始まり、祖先は、生ものだけで生きるサルの生活（食物連鎖）から抜け出すことになった。

火（余剰エネルギー）の恩恵で人口が増え、祖先は、新たな猟場を求めて地球規模の拡散（旅）を始め、その過程で、様々な人種・言語がうまれた。

南米南端到達で定住化（既存のなわばりでの生活）を余儀なくされると、太陽光を特定の動植物を介して固定・独占する新たなエネルギーの利用（農耕・牧畜）が始まる。

莫大な農畜産物により、第二の人口爆発が起こり、都市や市がつくられ、なわばり争いが激化、長く続いた狩猟採集生活の価値観（平等な分配）が揺らいでくる。

王侯・貴族は、エネルギーを貨幣（オールマイティの交換媒体）として貯え、ソフト（なわばり、序列、好奇心）のために武器・軍隊、宮殿等をつくり、贅沢三昧の高エネルギー生活

（文化・文明）を築いた。

しかし、莫大な余剰エネルギーも、やがては織り込まれ、ゼロ成長・自給自足の中世封建社会に入る。

その後、交易で富（エネルギー）を得る重商主義の大航海時代が始まり、植民地の争奪が激化、イギリスで蒸気機関が発明されると、億年かけて蓄積した太陽エネルギー（石炭）が開放され、大量生産の産業革命が始まり、人類は再び人口爆発を起こし、環境破壊が進む。

市民革命で、富の独占は、非難するどころか我々の夢・目標になってしまった。

安価な化石燃料で動く便利製品が次々と発明されて経済成長（高エネルギー生活への移転）が始まり、過度な投資等から不況がうまれ、資源（領土や植民地）確保のために、第一、二次の世界大戦が起こった。

今、ＩＴ・ＡＩ・ロボット等を駆使した情報（グローバル）企業が、それまで世界中にあった商店（小売）の役割（見返り）を低価格・大量販売で奪い、成長、格差が拡大している。

しかし、高い山には広大な裾野が必要なように、経済には、エネルギー（富）を循環させる多くの中間層が必要で、一人勝ちの独立峰（一国主義）などはありえない。

生命の進化は太陽エネルギーの循環（食物連鎖）から始まったのであり、エネルギーがあっても一部に死蔵されて循環しなくては、カンブリア爆発以前の単調な世界（経済）に戻ってしまう。

三方よし（共生）こそが、裾野（役割）を広げ経済を活性化させる。

（経済が悪化すれば、環境破壊・温暖化が進まないというプラスの面もあるが……）

我々には、目立つとドキドキする同調のソフトと、目立って序列をあげようとする排斥のソフトがある。

我々は、楽（快適な高エネルギー生活）を求める一方で、我慢して寒中水泳や水垢離をし、生活を切り詰めて巡礼に向かう。

矛盾しているようだが、全ては、ソフト（彫刻の表面）の満足のためである。

幸・不幸、天国・地獄を決めるのは、脳ではなく、悠久の時が刻んだアバウトなソフト（彫刻の表面）であり、生命は、このたまたまつくられた変異（凹凸）によって生きている。

便利製品に囲まれた生活は快適だが、外敵や餌の心配がない動物園のサルと同じで、かつての、生活（苦労）で得ていた感性（餌を手に入れる等の喜び）を失っている。

生きる意欲には適度の逆境（ストレス）が必要で、欲求が満たされては本能の活力は弱まってしまう。

このため、最近の動物園は、自然のままの状態に近づけて飼育するようになった。

我々も、安全で失われた感性（恐怖等）を活性化させるべく、ジェットコースター、バンジージャンプ、ホラー映画、お化け屋敷をつくり、さらにレトロな街をつくり元気（楽しみ）を得ている。

ソフトは、必要が無くなったからといって、簡単にはなくならない。

ＳＮＳの『いいね！』やフェイク（プロパガンダ）に賛同するポピュリズム、そして暴動は、同調のソフト（感性）があってこそで、莫大な富（エネルギー）が軍需産業（テロ・戦争）へ流れるのは、人口爆発等により排斥感性が高まっているためである。

ソフトのために整形やゲノム編集をし、マイクロチップを体に埋め込む人間までいる。

しかし、メダルのためにドーピングをしては、その先には、健康被害が待っている。

事実を重んじるフェアプレイの国と、面子優先で事実を軽視する国とでは、やがて、大きな差が生まれてくる。

建前（権威・序列）のために事実を無視しては、現実の改良・改善など行われない。

李氏朝鮮は物々交換の社会に留まり、同じく、日本（大本営）も、建前重視で事実（ミッドウェー、ノモンハン）を無視した結果、インパール、ニューギニア等で若者三百万もの命が奪われてしまった。

日本は、戦後、安価なエネルギーと技術革新によって経済成長した。

しかし、高品質に胡坐をかき技術はガラパゴス化、適当な性能があれば安価の方がいいという途上国の意向を考えず、後発の海外企業に後れを取ってしまった。

日本は自己主張は控えめ（苦手）で、誠実につき合えばいいと考えるが、世界には、自己主張ばかりの人間（国）がいることも事実で、これを認めず、お人好しに主張を怠れば、《無理が通れば道理は引っ込む》で、泣きを見ることになる。

国際間で、そうなっては《後の祭り》となるため、慎重な対応が求められる。

情報伝達種の最右翼にいる人類は記憶が求められ、頭のいい人間を尊敬するが、いくら試験が出来ても、これを排斥のソフト（私利私欲）のために利用するようでは詐欺（寄生）であり、かえって群れの害になる。

頭が悪いサイコパスが間違ってリーダーとなり、世界を混乱させているが、我々の群れは、リーダーがいなければ、ただの烏合の衆になってしまう。

不死で万能の理想のリーダー（神）に、賄賂など通用せず、従って、金持ちも貧乏人もなく平等で、それが心の広さとなり、我々に尊敬と感謝、敬虔な心（信仰：究極の役割分担の感性）をもたらしている。

しかし、我々は、神の属性を勝手に憶測（解釈）し、異なる属性（レッテル）を排斥してしまう。

恐竜には、群れやなわばり・序列ソフトまであったが、役割分担ソフトはなかった。

恐竜の情報利用は、昆虫のように情報を遺伝子に刻む構造系（特異な姿形）にとどまった。

高い枝にある裸子植物の葉を食べるために、キリンをはるかに上回る長い首や、獲物をとらえる巨大な口、鋭い歯、翼をつくり、効率よく餌（エネルギー）を骨や肉に変え、急速に成長していた。

構造系の進化には悠久の時間（淘汰）が必要になる。

環境変化が穏やかな恐竜の時代は、億千万年かけて、ゆっくりと構造系が進化した。

しかし、大隕石衝突後、氷期と間氷期が繰り返されるようになると、適応に長い時間が必要な構造系より行動系（情報伝達種）の方が有利になってくる。

花や果実がある被子植物の森で樹上生活するための眼（脳）や指を持ったサルやリスが進化し、一部のサル（祖先）は、サバンナに出て、肉を得るために狩り（役割分担）を始めた。

役割分担という行動系（情報）ソフトは、構造系と異なり、急速に情報を蓄積、その結果、人類は莫大なエネルギーを手に入れて人口を爆発させ、あろうことか、自らのソフトを不用にし、花火のように消え去ろうとしている。

排斥ソフト（本能）を無視した憲法（9条）をまるで、お伽噺を信じる子供のように後生大事にし、東京裁判を鵜呑みにする自虐的歴史観では、他国では当たり前の、自国への誇りや国を守ろうとする気概を持った若者は育たない。

話し合いで解決できるなら戦争や犯罪など起こらず警察などいらないが、現実はどうなのか。子供に自由・平等・人権を教えるのはいいことだが、現実は弱肉強食（経済・軍事力）でもあることを、大人は知っている。

権力を手にした中国共産党は、歴代王朝のような序列優先の支配（専横）を始めた。

最低限の食糧さえなかった社会を生きてきた老人は、生活が改善したため文句を言わないが、民主主義（自由や人権）を知った若者は、腐敗した党に感謝などしない。

事実は何よりも強い。

皮肉なことに、党は権力を守るために、至る所に事実を映す監視カメラを設置し、その力で反乱や暴動を防いでいる。

中国こそ、レッテル（共産主義）に従い、ベーシックインカムを導入してもよさそうだが、富は、党とは何の関わりもない時代錯誤の中華思想（覇権・軍）のために費やされている。

経済大国になり、飛ぶ鳥を落とす勢いだが、その先には、日本と同じゼロ成長、高齢・少子化等が待っている。


役割分担は、狩りだけではなく、あらゆる行動を効率化する。

しかし、この行動は、エネルギーと同様の両刃の剣であり、創造（文化・文明）のために利用されればいいが、破壊（戦争等）のために利用しては大きな災禍をもたらす。

我々は、影に跳ねるカエルやバッタのように序列（権力）に従い役割分担を始める。

どうでもいい群れの属性（宗教や民族、価値観、国家等）に同調・排斥・役割分担し、20世紀だけでも、数千万の若者が命を失っていった。

そして、狩猟採集生活では、役割はいくらでもあったが、今は、莫大なエネルギーにより、人口が増えるのに役割はなくなり、我々は大きな岐路に立っている。

我々は同調・排斥・役割分担の情報ソフト（彫刻の表面）によって地球環境を破壊し、同族相食む世界をつくり出しており、救いは宗教や薬物、ゲーム、ボランティアになっている。

ソフト（彫刻の表面）は強く、理性は弱い。

どうするのか。


だれもが従いたくなるような、かつての神以上の権威が、今、育っている。

ＡＩである。

ＡＩなら、排斥のエゴ（贔屓、忖度）もなく、無限とも言える情報（個々人の主張やあらゆる民族の歴史等）を採り入れ、神以上の公平・平等な裁定が可能である。

コンピューター（デジタル）には、ワビ・サビの世界（アナログ）は難しいかもしれないが、情報をまとめた総合的判断は提示できる。

後は、我々が、これを認め、従うだけで、情報入力に不満なら、自分の要求をどう判断したのか、即座に回答することができる。

これは互いに譲れない紛争の調停（パレスチナ、反日問題、カタルーニャ等）には持ってこいではないか。

ＡＩ（スパコン）に委ねた方が、ソフトの不適応（見落としもフェイク）もなく、素早く解決できる。

ＡＩ、５Ｇにより自動運転が実現すれば、ソフトの暴走（アオリ運転や不注意による事故）もなくなり、百万の命が救われることになる。

どのみち、我々は、たいした存在ではない。

エネルギーを利用して繁殖するために、たまたま、情報のソフトを纏っただけなのである。

《ロボット、ＡＩに支配される》などと心配するが、すでに、飛行機には自動操縦が導入され、ゲームでも人間のトップを上まわり、莫大な情報がコンピューターによって処理され、人類は、コンピューターなしではどうにもならなくなっている。

そもそも、我々は、昔から、人間を上回る神を憶測し、その判断に従って（任せて）きた。

機械に損得勘定、依怙贔屓はなく、ワイロも通じず、かつての神のような誤り（迷信・禁忌）もない。

《機械に支配される》というようなケチな料簡は捨てなければならない時代になっている。

ＡＩ・コンピューターは、人類がつくりあげた最高の神（正義・法）とレッテル貼りすればいい話で、清廉潔白で偏見もなく、平等な判断ができ、複雑な紛争の調停には、うってつけなのである。

いまさら、何を怖れるのか。

もともと、無目的につくられた我々に、奪われるものなどない。

その結果はどうなるか。

我々の脳は、同調と排斥という相反するソフト（感性）を、役割分担して如何に満たすかという難しい課題に答えるために進化してきた。

しかし、ロボット、ＡＩ等により楽になった脳には、簡単な思考と好奇心しか残らない。

この脳には、孤島の鳥の翼と同じ運命、すなわち、委縮（退化）が待っている。

ライターに頼らず火を起こし、弓矢をつくり、毒を調合し、ジャングルで生きる様々な智恵、経験を持った人間の方が、知力、体力ともに、我々先進国の人間より確実に優れた《生き甲斐》も得ている。

今の脳や体でいたいなら、どこまで便利さを求めるかを考えなければならない。

ロボット、ＡＩも利用する里山の省エネ生活が理想だが……。

# あとがき

人生は一度しかないようだ。

できれば、有意義な人生を送りたい。

中国を統一した始皇帝（政）は、富と権力、美女を手に入れ、さらに不老不死まで望んだ。

うらやましい話だが、永遠に生きて、果たして《幸せ》なのだろうか。

彼の欲望は、チンパンジーと大差がない。

我々の立身出世（栄耀栄華）は、所詮、秀吉の辞世（露と落ち……夢のまた夢）ではないか。

死があってこそ、一瞬（時）が貴重になってくる。

我々の欲望は果てしなく、そして矛盾に満ちている。

インドには権力、富、美女を捨てた思慮深い王がいた。

本能丸出しでサルのように威張る成金よりは、清貧で控えめの方がカッコイイかも……。

自分は何者で、何のために生きるのか。

高校の時、この疑問に憑りつかれ、何をしても楽しめなくなってしまった。

様々な思想・生き様を調べたが納得出来る答えは見つからず、寮では天井ばかり見ていた。

あきらめて、全てを投げ出した時、閃光が走った。

人間は、極めて簡単な本能（感性）で出来ていると……。

同調から金太郎飴の群れがつくられ、同種への反発からなわばり・序列、記憶脳がうまれ、そこから、番い繁殖や回遊、多様な生態系がうまれたと。

情報は、単純で単発的なものから複雑かつ継続的になり、さらに記憶、伝達へと進み、アリや蜜蜂が、その恩恵（役割分担）で繁栄していると。

ゴーギャンの解だった。

視界は一気に開け、欣喜雀躍したが、これを人に説明することはできなかった。

本能の働きなどは当たり前の話で、だからどうなのと嫌がられた。

しかし、解にたどりつくには、この本能（ソフト）から説明しなければならず、そのためには、煩雑で膨大な例証が必要となるため、とてもやっていられないと、あきらめていた。

ところが、冬の北京で知り合ったTさんに本にしたらと勧められる。

なんとか本にしたが、断片的だったためか、評価してくれた人は数人だった。

しかし、現在の世界（政治・経済・エネルギー・人口爆発等）を見るにつけ、これを説明するのは持論しかないと、再びパソコンに向かった。

Tさんは既に亡くなり、かつて評価していただいた大先輩も高齢になられた。

自分も体も記憶も衰え、これ以上はまとめられないと、筆をおくことにした。

《エネルギーの流れ》に漂う無目的な存在は、多細胞化すると細胞の役割分担を始め、ついに行動系の役割分担に至り、莫大なエネルギーを手に入れたが、異常増殖し肝心の役割（存在意

という間に過ぎ、まさしく、《青年老い易く……》だった。

話は簡単だが、これを納得させるように書くのは大変で、ボーッとしていれば、一日があっという間に過ぎ、まさしく、《青年老い易く……》だった。

ナマケモノが自らを叱咤激励し、ようやく、まとめた（自分で自分を褒めたい）。

とりあえず、よっこらせだ。

夜が明けてきた。

今日のニュースは……、どうでもいいか……。

三階　哲（みしな　あきら）

昭和24（1949）年栃木県生まれ。北海道大学農学部（農業経済学科）卒業。

【著書】『ヒトの起源』（2008年、文芸社）

**我々は何処から来たのか**

我々は何処へ行くのか

---

2020年１月29日　初版第１刷発行

著　　者　三階　　哲
発 行 者　中田典昭
発 行 所　東京図書出版
発行発売　株式会社 リフレ出版
〒113-0021　東京都文京区本駒込 3-10-4
電話 (03)3823-9171　FAX 0120-41-8080
印　　刷　株式会社 ブレイン


ISBN978-4-86641-291-7 C0020
Printed in Japan 2020
落丁・乱丁はお取替えいたします。

ご意見、ご感想をお寄せ下さい。

［宛先］〒113-0021　東京都文京区本駒込 3-10-4
東京図書出版